建筑密集区基坑开挖系列技术研究

韩尚宇　王新泉　著

中国建筑工业出版社

图书在版编目（CIP）数据

建筑密集区基坑开挖系列技术研究/韩尚宇，王新
泉著．—北京：中国建筑工业出版社，2020.5
ISBN 978-7-112-24938-1

Ⅰ.①建… Ⅱ.①韩…②王… Ⅲ.①建筑施工-基
础开挖-研究 Ⅳ.①TU753.1

中国版本图书馆 CIP 数据核字（2020）第 040295 号

　　本书主要结合我国城市轨道交通工程施工的实际情况，综合考虑轨道交通施工过程中主要因素（地层变形、空间方位、地层参数、结构状态）的不确定性及其对既有建筑安全状态的影响情况，以地铁站点基坑开挖为切入点，对轨道交通工程施工对既有邻近建筑安全状态影响评估相关技术问题进行研究，用理论分析与工程实际相结合的研究方法，对基坑支护结构及建筑安全防护技术进行了系列研究。

　　本书共分为六章，分别为绪论、地铁车站基坑开挖对邻近浅基础建筑安全状态影响研究、防渗水基坑支护结构设计及性能分析、混凝土桩劲芯增长结构设计及性能分析、基坑开挖邻近浅基础变形控制结构设计及性能分析和结论。

责任编辑：杨　允
责任校对：张惠雯

建筑密集区基坑开挖系列技术研究

韩尚宇　　王新泉　著

*

中国建筑工业出版社出版、发行（北京海淀三里河路 9 号）
各地新华书店、建筑书店经销
霸州市顺浩图文科技发展有限公司制版
北京建筑工业印刷厂印刷

*

开本：787 毫米×960 毫米　1/16　印张：10¼　字数：203 千字
2021 年 2 月第一版　　2021 年 2 月第一次印刷
定价：**50.00** 元
ISBN 978-7-112-24938-1
（35674）

前　　言

在基坑开挖过程中，其围护结构的稳定性和周边建筑的变形情况，一直是影响基坑工程建设质量和效益的关键。本书针对当前基坑开挖过程中亟需解决的工程技术问题，从新型基坑支护结构及施工方法、既有基坑围护结构性能提升、基坑邻近建筑物（构造物）变形防控三个方面开展研究。项目研究成果不但可以实现既有混凝土桩的留用和承载性能改善、降低混凝土挡墙侧向位移控制的难度、减小基坑开挖对周边建筑物的影响、节省基坑施工支护和病害处治费用，而且可以减少建筑垃圾的数量、降低工程施工对周边环境（尤其是邻近建筑结构和地下水位）的影响、缩短工程建设工期，还可以丰富基坑工程施工技术、推动城市建设和社会发展。

全书共分 6 章，分别为绪论、地铁车站基坑开挖对邻近浅基础建筑安全状态影响研究、防渗水基坑支护结构设计及性能分析、混凝土桩劲芯增长结构设计及性能分析、基坑开挖邻近浅基础变形控制结构设计及性能分析和结论。

其中第 3 章、第 4 章和第 5 章由南昌航空大学韩尚宇及其研究生生云雷、魏星星、程聪撰写，第 1 章、第 2 章和第 6 章由浙大城市学院王新泉撰写，全书由韩尚宇统稿。

本书可供岩土工程工程技术人员和科研人员参考，也可供高等院校相关专业师生学习。

本书在撰写过程中参考了有关书籍和研究文献，并从中引用，在此一并表示感谢。限于著者水平，书中难免有错误和未完善之处，敬请读者批评、指正。

目　　录

第1章 绪 论

1.1 研究背景

近年来，随着我国城市化水平的不断提高，城市交通拥挤、环境污染等问题日益突出，既有的城市公共交通网络已难以满足居民的出行要求。因此，面对日益严峻的城市交通问题，国家"十一五"规划指出"有条件的大城市和城市群地区要把城市轨道交通作为优先发展领域"。

然而，在城市轨道交通工程施工过程中，不可避免会出现穿越或邻近各种既有建筑物的情况，尤其是轨道交通车站的建设区域内常存在商业圈、住宅群、企事业单位等重要构筑物。同时，受诸多难以掌控因素、不确定性因素的影响，工程中常需解决基坑稳定性增强、邻近建筑防护、环境影响降低等工程问题。已有研究表明，城市地下轨道交通（尤其是地铁车站）施工对既有建筑的影响主要体现在如下几方面：引起既有建筑出现异常变形（沉降、倾斜、侧移等），进而影响建筑的安全状态；土体开挖改变了建筑地基土的初始应力状态，引起土体出现变形、松动、开裂等形式的破坏；改变了地基土中的水环境，引起渗透破坏、地面塌陷等病害。由此可见，城市轨道交通工程施工过程中的异常情况对既有建筑的安全性、耐久性会产生不利影响，甚至会造成建筑失稳倒塌等严重工程事故。因此，在城市轨道交通工程施工过程中，不仅要考虑轨道交通工程本身的安全性，而且要特别重视施工对周边环境及周边邻近建筑的影响情况。

为科学评价轨道交通工程施工对周边环境的影响，项目以工程实际问题为切入点，采用理论分析与工程实践相结合的研究方法，在系统分析轨道交通土体开挖对周边建筑安全状态影响的基础上，对站点基坑开挖对周边环境影响、基坑支护结构、建筑预防性防护技术等进行研究，并形成了多种有针对性的工程结构及施工技术。

1.2 国内外研究现状

1.2.1 地铁车站基坑施工对周边环境影响

在深基坑施工过程中除了采取合理的安全支护措施外，还需要控制好深基坑对周围环境的影响。学者们在地铁深基坑建设对周围环境影响方面进行了一些针对性的研究。

张辉[1]、李沙沙等[2] 以地铁车站工程为背景,对基坑围护结构、周边建(构)筑物,以及周边地下管线等重要设施的安全警戒值进行探讨。杜明玉等[3]、魏道江等[4] 对地铁基坑建设对周围环境的影响进行了讨论,提出了相应的控制技术。夏中杰[5] 对岩溶地区明挖地铁车站的勘察、风险评估以及处理的指导方法进行了研究。Changyi Yu[6] 通过模拟基坑施工过程,研究分析了大直径环梁支撑系统的性能。钱七虎[7] 院士在《中国地下工程安全风险管理的现状、问题及相关建议》中阐明了我国地下工程安全风险管理的现状以及在风险管理应用中存在的问题,并且给出了相关建议。姚宣德[8] 建立了一套适合浅埋暗挖法隧道的风险评估指标体系、风险评估准则以及风险评估方法。杨秀权[9] 阐述了对复杂地质盾构隧道进行安全管理的重点以及相应的风险防范对策。曹前[10] 结合车站基坑明挖顺作段和盖挖逆作段,通过单侧卸载来模拟设备区深基坑的开挖及支护施工过程。李睿峰[11] 总结了复合地层基坑开挖引起的地表沉降规律,提出了复合地层基坑开挖引起地表沉降的预测方法。谢群[12] 对高架桥施工与邻近在建地铁车站的相互影响进行研究分析。吴朝阳[13] 深入研究了砂土/硬黏土层中的基坑施工对周边高层建筑的影响。周泽文等[14] 分析了地铁车站基坑施工对相邻隧道受力影响。梁云岚[15] 探讨了基坑工程对周边管道及建筑物的影响,分析了其影响因素。

分析表明,国内外研究学者对邻近建筑物以及周边环境受基坑施工影响方面开展了大量研究,对本项目的研究有一定的指导意义,但研究成果主要集中在基坑支护结构本身或上部结构裂缝变形方面,在基坑开挖诱发建筑物变形的影响因素,以及基坑变形与建筑物安全性的对应关系等方面尚存一定欠缺。

1.2.2 基坑周边既有建筑物安全防护技术

轨道交通基坑开挖深度通常超过 10m(部分基坑开挖深度在 30m 以上),其施工过程中的稳定性增强,以及周边环境保护技术常常是工程控制的重点和难点。国内外学者从不同角度出发开展了不少研究。

陈瑞阳[16] 针对控制基坑周围土体变形问题采取优化施工参数、跟踪充填注浆、建隔断墙(由钻孔灌注桩组成)、加强监测反馈等综合措施。卓越等[17] 研究了注浆加固和跟踪注浆技术对控制建筑物沉降的效果。和澄亮[18] 研究发现,沉降在基坑施工初期主要由迅速下降的水位造成,在基坑施工后期主要是由基坑变形和现场施工工况造成。李忠[19] 分析了在城市修建地铁过程中造成周边建筑物沉降变形的原因,提出了控制建筑物沉降与倾斜的措施。俞建霖[20] 通过有限元数值模拟研究基坑开挖深度与周边地表沉降之间变化规律,归纳了基坑变形在空间上分布情况。刘登攀[21]研究发现邻近存在建筑物的情况下，天然场地的地表沉降曲线形态改变显著。Sugimoto[22]重点研究了随基坑开挖变化引起的周边地表沉降的变形规律。Boone[23]基于地表沉降曲线的变化规律分析了基坑邻近建筑结构不同的破坏形态，提出了建筑物破坏的控制标准以及预防破坏的控制措施。赵延林等[24]研究认为建筑物沉降变形与开挖深度呈线性关系，增大基础刚度可以有效控制基础的差异沉降。蔡智云[25]运用数值分析方法，对基坑开挖引起的支护结构变形、邻近建筑物的沉降发展规律进行了研究。

分析表明，现有研究成果主要侧重于基坑稳定性增强方面，在基坑降水影响降低、基坑周边建筑预防性保护等方面的研究成果较少，尚难将基坑开挖与建筑安全防护作为整体考虑。

1.2.3 新型基坑支护结构及施工技术

建筑基坑开挖会对周边土体的应力状态和稳定性产生一些影响，如何在保证基坑稳定的基础上，最大限度地节省工程造价一直是工程界关注的重点。国内外很多学者针对基坑支护结构进行了一些研究。

谢小松[26]对大型深基坑逆作法施工关键技术及结构性能进行了分析研究。王炜正[27]研究了基坑底板厚度、支护墙折角对支护结构受力的影响，并对内支撑的传力距离进行分析。李卓[28]通过对不同设计参数的分析，阐明了设计参数变化对两种支护性能的影响情况。王维成[29]提出了带腿型钢水泥土搅拌墙技术。孔维美[30]进行了"主动区＋墙间土加固""被动区＋墙间土加固"两种复合加固情况的对比分析。史子庸[31]针对深基坑支护结构的内支撑问题，探讨了深基坑内支撑结构的变形规律以及支护优化结构。徐中华[32]探讨了支护结构与主体地下结构相结合的深基坑变形性状。孙超等[33]分析了新型地下连续墙，包括"两墙合一"地下连续墙、渠式切割深层搅拌水泥土地下连续墙（TRD）工法、双轮铣深层搅拌水泥土地下连续墙（CSM）工法、超薄型防水地下连续墙（TRUST）工法、预应力钢管混凝土桁架围护桩墙的特点、适用范围、应用情况等。刘关虎[34]结合实际工程从理论分析、数值模拟、现场监测入手，对加筋水泥土桩锚支护基坑变形规律进行研究。李立军[35]研究双排桩的作用机理、探讨土压力的分配规律、分析支护结构的内力及变形规律。郭风[36]对土工布—柔性模板制作混凝土挡土墙进行了研究。胡军华[37]采用正交试验设计和模糊综合评判法，对伟东基坑支护结构的细部参数进行优化比选。

上述研究针对新型基坑支护结构及其性能进行了分析研究，成果对于基坑支护技术发展具有重要意义；然而，研究提出的基坑支护结构主要围绕支挡增强提出，对防水渗水基坑支护结构、既有维护结构重复利用等方面的研究成果尚少。

综上所述，学者们对轨道交通工程施工中站点基坑开挖过程中的系列关键技术问题进行了深入研究，成果对推动行业技术进步和本项目研究具有重要意义。作为对现有研究成果的补充，本项目拟采用理论研究与工程技术研究相结合的方法，对站点基坑开挖对周边环境影响、基坑支护结构、建筑预防性防护技术等进行研究。

1.3 研究工作简述

1.3.1 项目研究技术路线

结合工程实际，针对轨道交通工程施工对既有邻近建筑安全状态影响问题，从安全状态影响评价、基坑稳定性增强、建筑物预防性保护等方面着手，开展相关理论和技术研究，项目研究技术路线如图 1-1 所示。

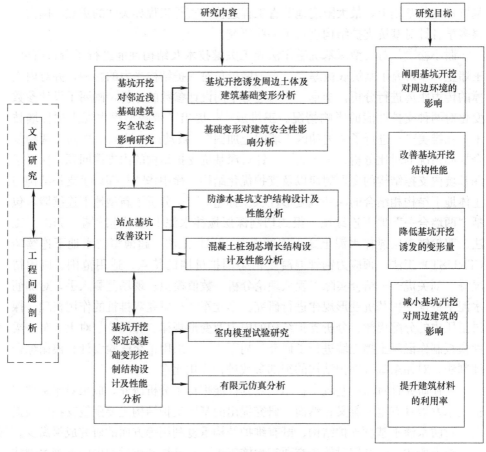

图 1-1 项目研究技术路线图

1.3.2 项目研究内容

本项目结合我国城市轨道交通工程施工的实际情况，综合考虑轨道交通施工过程中主要因素（地层变形、空间方位、地层参数、结构状态）的不确定性及其对既有建筑安全状态的影响情况，以地铁站点基坑开挖为切入点，对轨道交通工程施工对既有邻近建筑安全状态影响评估相关技术问题进行研究，课题研究内容主要包括如下几方面：

（1）基坑开挖对邻近建筑物安全状态影响研究。该方面研究以数值仿真分析为基础，通过建立有限元仿真分析模型，对不同参数下基坑开挖导致的基坑周边土体及邻近建筑的变形情况进行细致分析，并阐明建筑基础变形与上部结构安全状态改变间的对应关系。

（2）站点基坑改善设计研究。该方面研究以基坑变形量的组成及其影响为基础，设计了防渗水基坑支护结构和混凝土桩劲芯加长结构，并对研究结构的组成、施工工艺进行了细致的分析；采用室内试验与仿真分析相结合的方法，对所提出结构的性能和设计参数进行了分析研究。

（3）站点邻近构筑物安全防护技术研究。该方面研究以基坑邻近构筑物安全防护及变形修复为目标，提出了基坑开挖邻近浅基础变形控制结构，并对研究结构的组成、施工工艺进行了细致的分析；采用室内试验与仿真分析相结合的方法，分析研究了提出结构的性能和设计参数。

第2章 地铁车站基坑开挖对邻近浅基础建筑安全状态影响研究

在建筑密集区进行站点基坑开挖施工时，受开挖降水、支护结构变形等因素影响，时常会诱发邻近建筑基础及上部结构的变形，当变形量超过一定限值时就会对建筑的安全状态产生不利影响。对此，本项目基于工程实际情况及前人研究成果，借助有限元仿真分析方法，对基坑开挖过程中基础及其邻近建筑变形情况，以及建筑安全状态改变情况进行分析研究。

2.1 基坑开挖诱发周边土体及建筑基础变形的影响因素分析

基坑开挖对邻近建筑物以及周边土体的影响因素繁杂，本节着重考虑土性参数、地下水位、开挖深度、建筑物与基坑的距离、支护性状等因素在基坑施工过程中对周边环境的影响特性，为后文的数值模拟提供理论基础。诱发周边土体及建筑基础变形的影响因素见图 2-1，具体介绍如下：

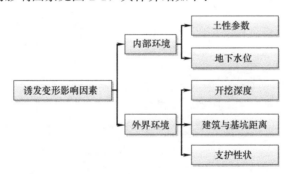

图 2-1　诱发周边土体及建筑基础变形的影响因素

（1）土性参数

基坑开挖过程中，随着基坑降水以及周边土体的应力释放，土性参数会发生一定程度的改变。当土体发生排水时，土层会进一步压实，进而强度指标会有一定程度的提升，在一定程度上会改善周边环境的安全状态。在影响建筑物基础变形的土体参数中，以黏聚力、内摩擦角和弹性模量对基础变形影响最为显著。土体黏聚力、内摩擦角的增加，会提高土体强度，使土体和基础变形减小，增强建筑物整体稳定性。同时，土体的弹性模量增加，也有助于增强建筑物的稳定性。

（2）地下水位

地下水位在基坑开挖过程中会面临两种水位变化，水位上升主要体现在基坑施工过程中外界水体的侵入，如连续降雨，水位上升会使周边土体的变形减小，但稳定性会有所下降；水位下降主要来源于降水施工，通常设置降水井，降水井的设置虽可以在一定程度上改善土性参数，但地下水位下降必然会伴随着土体的固结变形，会导致周边建筑的变形量明显增大，对周边建筑的防护产生不利影响。

1）地下水位上升引起建筑基础的变化

基础承载力下降：建筑物基础的承载能力受地下水位的影响较大，地下水位上升会降低基础的承载能力，承载能力减小量的多少与土体的黏聚力有关，黏聚力大土体承载能力减小量较小，黏聚力小土体承载能力减小量较大。当地下水位上升到基础底部土层范围内时，会加大基础底部土体的压缩性以及降低土体的承载能力，加剧上部结构发生不均匀沉降和变形。

2）地下水位下降引起建筑基础的变化

对建筑物基础的影响：地下水位的下降，使得土层所受浮力减小而应力增加，导致土体产生固结沉降以及基础产生附加沉降。当地下水位下降较大或土质不均匀时，建筑物的不均匀沉降更佳显著。砂性土的透水性较好，渗透水流会带走土体中的细颗粒，在砂性土地基中，当地下水位降幅过大，建筑物基础的不均匀沉降也会加大。

（3）基坑开挖深度

基坑开挖深度与支护结构体系是密切关联的，在实际基坑工程中，不同基坑开挖深度对应的施工工艺和支护结构形式也不相同，对周边土体的扰动存在一定的差异性，选定合理的开挖深度以及施工工艺对控制基坑的稳定性以及减小周边土体的变形尤为重要。基坑周边土体的临空面增加，对水位较高的地区必然会增大墙背部位的土压力，土压力增加对稳定性也会产生不利影响，同时，相对土性参数和地下水位而言，基坑开挖深度的增加会显著加大基坑失稳的概率。基坑开挖对邻近建筑物的影响如图 2-2 所示。

（4）建筑与基坑距离

建筑物对邻近基坑的影响最本质特征体现在存在附加建筑物竖向荷载，这些荷载会加大基础位置处土体变形和土体应力的扩散。建筑与基坑保持适当的安全距离对建筑本身具有很好的防护效果，当建筑物距离基坑较近时，建筑物基础会发生较大变形。基坑与建筑物距离对建筑物沉降的影响如图 2-3 所示。

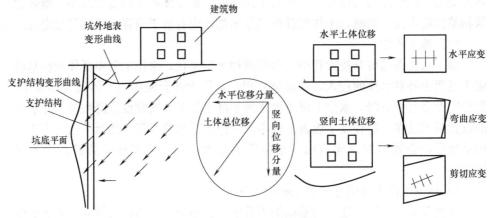

图 2-2　基坑开挖对邻近建筑物的影响

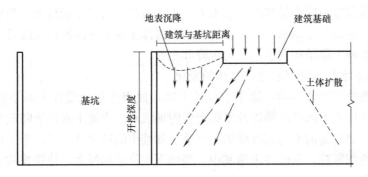

图 2-3　基坑与建筑物距离对建筑物沉降的影响

（5）支护性状

基坑支护作为基坑侧壁的支挡结构可以很好地起到保护以及加固基坑的作用，同时也防止了基坑开挖过程中对邻近结构及周边环境安全产生影响。目前，基坑支护通常采用刚性或半刚性支护形式，这些支护形式对提高基坑的稳定性效果明显，特别对减小外界土体的横向变形效果最佳。由于基坑的开挖降水同时会诱发土体向下的沉降变形，同时，支护结构的刚度与基坑开挖深度存在一定的关联性。以往的基坑工程事故表明，支护结构体系的变形过大会导致周边土体的位移急剧增加和邻近建筑物不均匀沉降增大，影响上部结构的安全。同时，不同的支护形式产生的结构变形机理也不同，悬臂式基坑支护结构主要是通过提高支护结构的刚度，从而来调控墙体的侧向位移和变形以及周边土体的沉降量；而内支撑支护结构，是通过增加内支撑刚度来调控墙顶水平位移以及墙体的侧向变形，在减小周边地表沉降量方面效果显著。

两种柔性支护基坑的变形如图 2-4 所示。

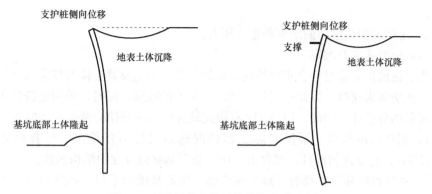

图 2-4　两种柔性支护下的基坑变形示意图

2.2　因素改变对周边土体及建筑基础变形影响分析

2.2.1　仿真模型建立

PLAXIS 有限元分析软件是在荷兰水利与公共事业部的支持下，由 Delft Technical University 岩土工程研究所研制的专门用于分析岩土工程变形及其稳定性的软件。PLAXIS 软件的主要应用领域有：基坑工程、水利工程、隧道工程、采矿工程、基础工程等。它的建模计算过程如下：

几何模型输入→生成网络→初始条件→执行计算→输出结果

（1）工程整体情况

本站点基坑位于南昌市旧城西南部、北至中山路、东至翠花街、西南侧至船山路，开挖深度 15.1～17.7m。

（2）工程地质条件

按土层的成因类型、工程地质特征等，自上而下可依次划分为：①粉土、②砂土、③黏土、④强风化泥质粉砂岩、⑤中风化泥质粉砂岩、⑥微风化泥质粉砂岩等 6 个地层单元。

（3）模型的基本假定

1）同种材料为均质、各向同性体，介质土的弹性性质可能各点不同，计算时采用平均弹性模量；

2）土体采用 M-C 材料，并假定为理想弹塑性材料，且遵循 Mohr-Coulomb 准则；

3）地下连续墙与土体之间不存在相对位移；

4）基坑工程一般属于临时性工程，工期较短，故按不排水条件进行总应力分析；

5）土体的初始应力假定为静止土压力。

（4）模型建立及求解

为了使模拟结果更符合实际情况，结构构件的施工及其土体的挖除通过单元的生、死功能来模拟，以此达到移去和增添单元的效果，同时，采用更符合实际施工过程的分步计算功能。PLAXIS有限元软件中基坑开挖的模拟步骤如下：

1）创建几何部件。根据实际工程情况选取对称后的模型，计算尺寸为50m×50m，建立几何部件，部件由土层、条形基础以及支护结构组成。

2）选择材料和设置参数。地下连续墙、条形基础均采用线弹性模型，不考虑应力松弛等的影响。土体单元采用摩尔-库仑屈服准则，采用总应力分析法，即不考虑基坑降水引起的土体渗流固结，考虑土体和地下连续墙之间的接触。土体和主要力学参数见表2.1～表2.3。

土体主要力学参数[56] 表 2.1

土层	天然重度 (kN/m³)	黏聚力 (kPa)	摩擦角 (°)	弹性模量 (MPa)	泊松比	R_{inter}
粉土	17	3	10	5	0.3	0.65
砂土	18.5	1	35	40	0.3	0.67
黏土	18.7	19.3	18	9.6	0.35	0.65
强风化泥质粉砂岩层	21	50	23	60	0.34	刚性
中风化泥质粉砂岩层	24	300	35	150	0.34	刚性
微风化泥质粉砂岩层	24.5	600	40	200	0.28	刚性

支护结构、基础力学参数[28] 表 2.2

材料名称	材料模型	EA (kN/m)	EI (kN·m²/m)	d (m)	w(kN/m³)	v
条形基础	弹性	$7.5×10^6$	$1×10^6$	1.265	10	0
地下连续墙	弹性	$2.4×10^7$	$1.28×10^6$	0.8	0	0.15

支撑结构力学参数[28] 表 2.3

材料名称	材料模型	EA(kN/m)	$L_{spacing}$(m)
支撑	弹性	$1×10^6$	2.0

3）荷载输入。所模拟的行政办公楼为框架结构，建筑物总高 25.2m，上部结构荷载用等效的均布荷载代替，并施加到建筑条形基础之上。上部结构荷载采用作用于基础的均布力代替，$q=400\text{kN/m}$。

4）接触面的建立。基于实际基坑工程情况，在相应的分析步骤中考虑土体和支护结构的接触，建立适应基坑模型的单元接触形式。

5）边界条件的确定。模型底面为完全固定约束，侧面为法向约束，顶面为自由面。在分析步骤中定义载荷和边界条件间的相互作用。

6）进行网格划分。平面有限元网络为十五节点四阶三角形单元，全局疏密度为"很细"，网络通过三角形生成器自动生成。简化模型建立与网格划分如图 2-5 所示。

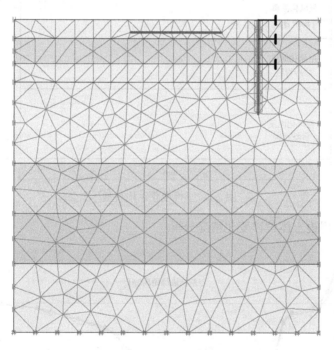

图 2-5　数值计算模型

2.2.2　因素改变对周边土体及建筑基础变形的影响

（1）土性改变的影响分析

为了研究土性对周边土体和基础位移的影响，本章将地表至－3m 的土体按粉土、砂土、黏土三种工况进行分析。得出周边土体和基础底部监测点的位移变化见图 2-7～图 2-10。（位移向基坑侧为正，向上为正，A、B、C、D 为建筑物基础底部监测点，具体布设位置见图 2-6，下同）。土性变化结构模型见图 2-6。

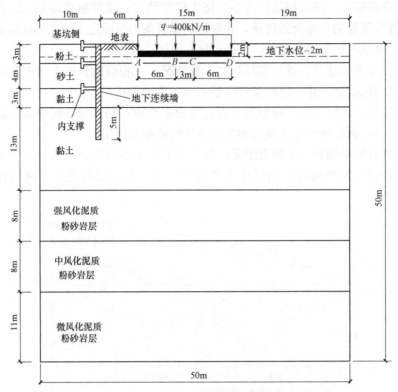

图 2-6　土性变化结构模型

1）基坑周边土体位移变化情况分析

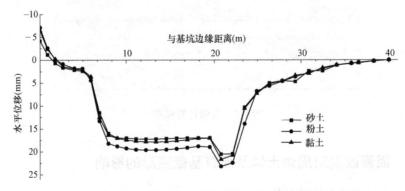

图 2-7　周边土体水平位移随土性变化曲线

由图 2-7 可知，基坑施工过程中周边土体的水平位移变化规律，当土层为粉土时最大，黏土次之，砂土最小，最大水平位移分别为 23.21mm、21.73mm、20.47mm。当粉土换为砂土时，地表竖向位移变化了 12%，这主要是由于粉土

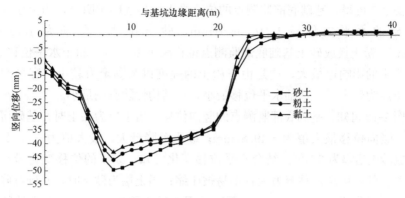

图 2-8　周边土体竖向位移随土性变化曲线

强度相对较低，容易产生变形，而砂土虽然黏聚力小，但强度却高于粉土和黏土，强度大，变形较小。

由图 2-8 可知，基坑周边土体的竖向位移变化规律，当土层为黏土时，周边土体的沉降量最小，地表土体的竖向位移最大值为 -43.09mm，当土层为粉土时，地表土体的竖向位移最大值为 -45.92mm，当土层为砂土时，地表土体的竖向位移最大值为 -49.57mm。土体由黏土到砂土的转变，竖向位移变化了 15%，这是由于砂土的黏聚力较小，土体颗粒之间缝隙较大，所以砂土的变形量较大，而黏土强度虽不比砂土，但黏聚力却远大于砂土，所以黏土的沉降量较小。

这说明土性参数的改变对周边地表土体的位移影响显著，土体强度越大，周边土体的水平位移受基坑开挖影响就越小，土体黏聚力越大，开挖对地表土体的竖向位移影响就越小。

2）建筑物基础位移变化情况分析

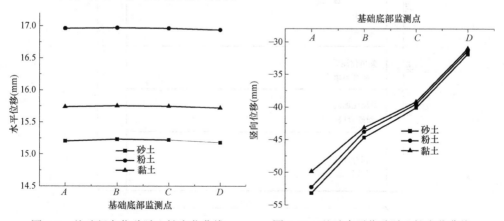

图 2-9　基础竖向位移随土性变化曲线　　　图 2-10　基础水平位移随土性变化曲线

由图 2-9 可得，基础底部监测点的位移受土性参数影响明显，当土层为粉土时，基础的水平位移最大为 16.97mm，砂土和黏土分别为 15.23mm、15.75mm。粉土换成砂土基础底部监测点位移减小 10.3%。粉土水平位移最大，对结构产生的影响也最大，这是由于粉土的强度以及黏聚力较小，容易产生变形；当土层为砂土时，基础水平位移最小，对结构性能影响最小。

由图 2-10 可知，基础底部监测点的竖向位移，当土层为黏土时，基础沉降变形最小，竖向位移最大值为 −49.87mm；砂土沉降最大，最大值为 −53.18mm，黏土换成砂土增幅为 6.6%。结合水平位移变化可知，黏土的位移变化最小，这是因为黏土的强度高，黏聚力大且不易被压缩；当土层为砂土时，基础沉降变形最大，而水平位移变形却最小，主要还是因为砂土强度高、黏聚力小的特点造成的。

土性参数的改变对基础的位移影响较为明显，提高土体的强度以及黏聚力有助于减小开挖对结构的影响。

（2）地下水位改变的影响分析

为了研究不同地下水位对周边土体和基础位移的影响规律，分别将土体的地下水位按 −1m、−2m、−3m、−4m、−5m 五种工况进行分析。得出周边土体和基础底部监测点的位移变化见图 2-12～图 2-15。地下水位变化模型见图 2-11。

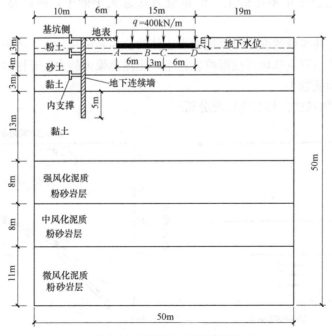

图 2-11　地下水位变化模型

1) 基坑周边土体位移变化情况分析

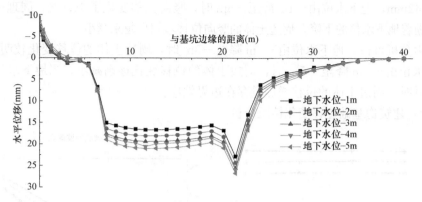

图 2-12　周边土体水平位移随地下水位变化曲线

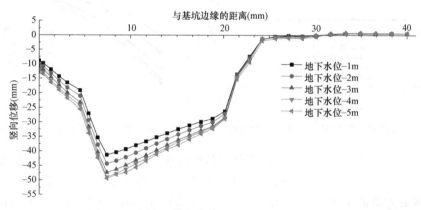

图 2-13　周边土体竖向位移随地下水位变化曲线

由图 2-12 可得，周边土体的水平位移随着地下水位的降低而逐渐增加，距离基坑 1~7m 范围内，地下水位变化对土体的水平位移影响较小。7~22m 范围内，水平位移受地下水位变化影响较大。地下水位由 −1m 到 −2m 时，地表土体的水平位移最大值由 16.64mm 增加至 18.08mm，增幅为 8.7%；地下水位由 −2m 到 −3m 时，地表土体的水平位移最大值由 18.08mm 增加至 19.40mm，增幅为 7.3%；地下水位由 −3m 到 −4m 时，地表土体的水平位移最大值由 19.40mm 增加至 20.55mm，增幅为 5.9%；地下水位由 −4m 到 −5m 时，地表土体的水平位移最大值由 20.55mm 增加至 21.02mm，增幅为 2.3%。随着地下水位的持续下降，周边土体的水平位移增幅越来越小。

由图 2-13 可得，随着地下水位的降低周边土体的竖向位移逐渐增加，距离基坑 1~20m 范围内，地下水位变化对土体的竖向位移影响较大，距离基坑 20m 以外，竖向位移受地下水位变化影响较小。地下水位由 −1m 至 −5m，周边土体的竖向位移最大值依次为－41.31mm、－44.35mm、－47.34mm、－48.91mm、－49.42mm，地下水位由－1m降至－5m时，竖向位移变化了19.6%，同理可算得，随着地下水位的下降，周边土体的竖向位移增幅也越来越小。

由分析可得，地下水位由－1m降至－3m时，周边土体的位移变化较明显，地下水位由－3m降至－5m时，周边土体的位移变化逐渐减小，当地下水位持续降低时，周边土体的位移增加量存在边界效应。

2）建筑物基础位移变化情况分析

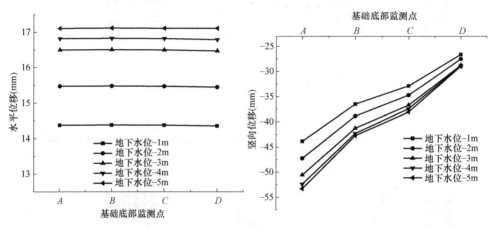

图 2-14　基础水平位移随地下水位变化曲线　　图 2-15　基础竖向位移随地下水位变化曲线

由图2-14可得，地下水位的下降对基础的水平位移影响不利，具体表现为，随着地下水位的下降，基础的水平位移逐渐增大，地下水位－1m至－5m的水平位移最大值依次为14.38mm、15.48mm、16.51mm、16.83mm、17.11mm。当地下水位由－1m降至－2m时，增幅为7.6%；由－2m降到－3m时，增幅为6.7%；由－3m降至－4m、－5m时，基础底部的水平位移增幅不显著。

由图2-15可得，随着地下水位的下降，基础竖向位移不断增大，地下水位由－1m变化至－5m时，基础底部监测点的位移增幅不断减小。当地下水位由－1m变化至－2m时，基础底部 A 监测点的竖向位移最大值由－43.85mm增至－47.26mm，增幅7.8%；基础底部 B 监测点的竖向位移最大值由－36.49mm增至－38.85mm，增幅6.5%；基础底部 C 监测点的竖向位移最大值由－32.87mm增至－34.72mm，增幅5.6%；基础底部的 D 监测点竖向位移最大值由－26.61mm增至－27.52mm，增幅3.4%；由此可得，基础的沉降量为近基坑侧时受地下水位影响较大，远基坑侧时受地下水位影响较小。

分析可知，随着地下水位的下降，基础底部的位移逐渐变大，基坑开挖诱发的基础变形也越大，对上部结构的安全影响也越显著。地下水位的改变会影响地基基础的承载能力，同时也会对土层参数产生较大的影响，在实际工程中，应着重监测和控制基坑内外的地下水位变化情况。

（3）不同开挖深度的影响分析

为了研究不同开挖深度对周边土体以及建筑物基础位移的影响情况，分别开挖－3m、－6m、－9m、－12m、－15m 五种工况进行分析。得出周边土体和基础底部监测点的位移变化见图 2-17～图 2-20。开挖深度模型见图 2-16。

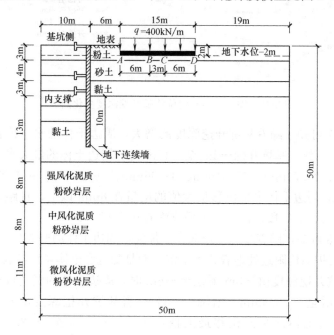

图 2-16　开挖深度模型

1）基坑周边土体位移变化情况分析

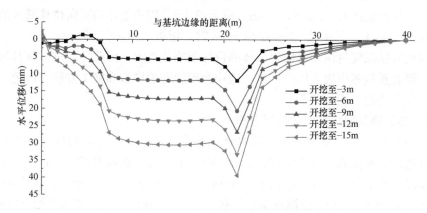

图 2-17　周边土体水平位移随开挖深度变化曲线

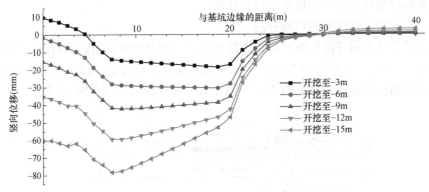

图 2-18　周边土体竖向位移随开挖深度变化曲线

由图 2-17 可知，随着基坑开挖深度的增大，周边土体的水平位移也不断增大且增量大体一致。基坑开挖—3m 至—15m 时，周边土体的最大水平位移依次为 11.95mm、20.70mm、26.81mm、33.36mm、39.43mm。由数据可得，基坑每下挖 3m，周边土体水平位移最大值的增量在 6mm 以上，且距离基坑边缘 0~25m 为主要影响区段，占总体水平位移的 90% 以上。

由图 2-18 可知，随着基坑开挖深度的加大，周边土体的竖向位移不断增大。在开挖初期支护结构附近处地表并不下沉，而是受坑底土体隆起影响，有少量的隆起。当基坑开挖深度由—3m 下挖至—6m 时，周边土体的竖向位移最大值由—18.54mm 增至—30.5mm，增幅 60.5%；当基坑开挖深度由—6m 下挖至—9m 时，周边土体的竖向位移最大值由—30.5mm 增至—42.03mm，增幅 37.8%；当基坑开挖深度由—9m 下挖至—12m 时，周边土体的竖向位移最大值由—42.03mm 增至—59.42mm，增幅 41.4%；当基坑开挖深度由—12m 下挖至—15m 时，周边土体的竖向位移最大值由—59.42mm 增至—78.36mm，增幅 31.8%。从开挖深度—3m 至—15m，每下挖 3m，周边土体的竖向位移最大值增幅均在 30% 以上，其中从—3m 挖至—6m 时，增幅达到 60.5%。

基坑开挖深度越深，对周边土体的位移影响就越大。因此，在进行深基坑开挖时，要着重监测周边土体的位移，选用合理的支护措施和施工方法，以免沉降过大，危害周边环境的安全。

2）建筑物基础位移变化情况分析

由图 2-19 可知，建筑物基础的水平位移受基坑开挖深度影响较大，基坑开挖深度越深，监测点水平位移越大且增量大体一致。基坑开挖—3m 至—15m 时，监测点水平位移最大值依次为 6.46mm、12.36mm、16.56mm、21.18mm、25.78mm，每下挖 3m，监测点水平位移变化均在 2mm 以上。基坑开挖—3m 到—15m 时，水平位移增大了 3 倍。

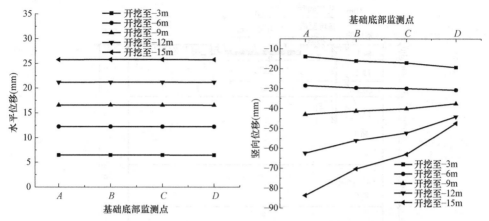

图 2-19　基础水平位移随开挖深度变化曲线　图 2-20　基础竖向位移随开挖深度变化曲线

由图 2-20 可知，基坑开挖深度的增加，对建筑物基础底部监测点的竖向位移影响不利，在基坑开挖初期，建筑物的倾斜方向偏向远离基坑侧。当开挖到一定深度时，建筑物才向基坑侧倾斜。近基坑一侧监测点竖向位移最大，最大值为－83.64mm，相对于开挖至－3m 时的最大位移－19.38mm 增加了 64.26mm。离基坑较远一侧受基坑开挖深度的影响逐渐变小，同一监测点不同开挖深度的增量也变小。

因此，在深基坑开挖过程中，周边建筑物基础的位移也是监测的重点，近基坑一侧建筑物基础的竖向位移应重点监测着重控制，防止其沉降过大，影响建筑物的安全和正常使用功能。

（4）基坑与基础的距离影响分析

为了研究不同距离对周边土体和基础位移的影响规律，分别将建筑物距离基坑 3m、4m、5m、6m、7m 五种工况进行分析。得出周边土体和基础底部监测点的位移变化见图 2-22～图 2-25。建筑物与基坑距离模型见图 2-21。

1）基坑周边土体位移变化情况分析

由图 2-22 可知，建筑物距基坑的距离越近，周边土体的水平位移也越大，随着建筑物距离基础边缘距离的增加，地表土体的水平位移变化越小。当建筑物距离基坑由 3m 增至 4m 时，水平位移最大值由 40.91mm 降至 30.74mm，降幅为 24.8%；当建筑物距离基坑由 4m 增至 5m 时，水平位移最大值由 30.74mm 降至 28.7mm，降幅为 6.6%；当建筑物距离基坑由 5m 增至 6m 时，水平位移最大值由 28.7mm 降至 24.97mm，降幅为 47.8%；当建筑物距离基坑由 6m 增至 7m 时，水平位移最大值由 24.97mm 降至 20.01mm，降幅为 19.9%。

由图 2-23 可知，建筑物距离基坑越近，周边土体的沉降量也越大，最大值

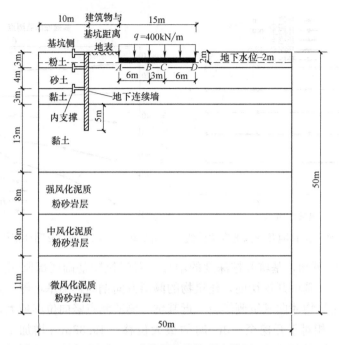

图 2-21　建筑物与基坑距离模型

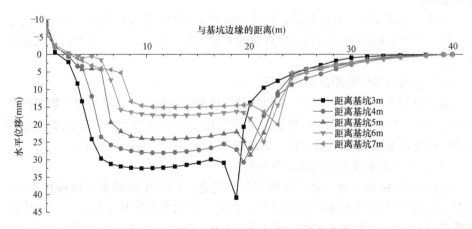

图 2-22　周边土体水平位移随距离变化曲线

为－83.15mm，随着建筑物距离基坑距离的增大，竖向位移最大值出现右移现象，即远离基坑一侧。建筑物距离基坑 3～7m 的地表土体竖向位移最大值分别为－82.7mm、－70.27mm、－60.29mm、－45.61mm、－39.69mm。

随着距离基坑的距离越来越大，周边土体的位移最大值也出现远离基坑一侧的现象。分析数据可得，建筑物距离基坑 3～7m 时，可分为 3 个影响区段，3m

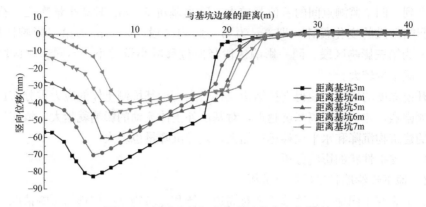

图 2-23　周边土体竖向位移随距离变化曲线

时为第一影响区段，4～5m 为第二影响区段，6～7m 为第三影响区段，同一影响区段降幅小，不同影响区段间降幅大。

　　2）建筑物基础位移变化情况分析

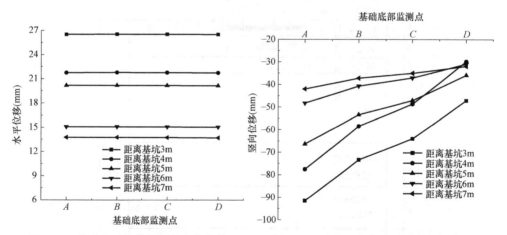

图 2-24　基础水平位移随距离变化曲线　　　图 2-25　基础竖向位移随距离变化曲线

　　由图 2-24 可知，建筑物距离基坑越近，其水平位移就越大。当建筑物距离基坑 3～7m 时，基坑底部监测点的水平位移最大值分别为 26.54mm、21.78mm、20.19mm、15.08mm、13.75mm。距离基坑每增加 1m 的水平位移减小量依次为 4.76mm、1.59mm、5.11mm、1.13mm，在 3～4m 时，减小量最大，6～7m 时减小量最小，呈递减趋势。由此可见，建筑物距离基坑一侧越远，基础底部监测点的水平位移受基坑开挖影响越小。

　　由图 2-25 可知，建筑物距离基坑越近，竖向位移就越大，近基坑一侧影响最大，最大沉降量为 −91.54mm。当建筑物距离基坑由 3m 增至 4m 时，可以直观地看到，四个监测点间的差值都较大，距离基坑 5～6m 时减小量次之，符合前述影响区段的变化规律，即 3m 为第一影响区段，4～5m 为第二影响区段，6～7m 为第三影响区段。同一影响区段竖向位移减小量较小，不同影响区段竖向位移减小量较大。

开挖深度的增加，使得支护结构位移增大，近基坑侧土体的应力重分布比远基坑侧剧烈，建筑物距离基坑越近，对基坑外土体流动的影响就越大，致使近基坑侧的建筑物沉降和水平位移迅速加大，差异沉降量也增大。

（5）支护性状的影响分析

1）地下连续墙长度的影响分析

为了研究不同地下连续墙长度对周边土体和建筑物基础位移的影响情况，分别将地下连续墙长度按 13m、14m、15m、16m、17m 五种工况进行分析。得出周边土体和基础底部监测点的位移变化见图 2-27～图 2-30。地下连续墙长度模型见图 2-26。

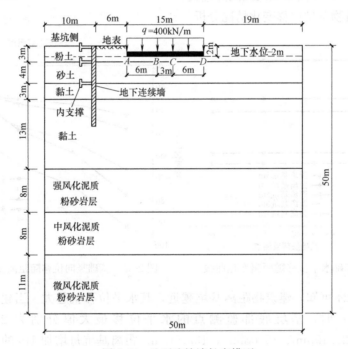

图 2-26　地下连续墙长度模型

① 基坑周边土体位移变化情况分析

由图 2-27 可知，随着地下连续墙长度的加大，周边土体的水平位移逐渐减小。距离基坑 7～22m 范围内，水平位移受地下连续墙长度变化影响最大。当地下连续墙长度从 14m 增大至 15m 时，地表土体的水平位移最大值明显减小，从

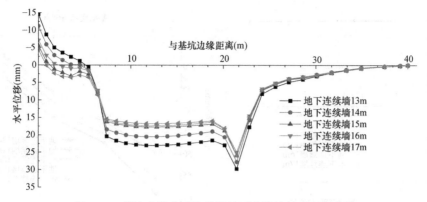

图 2-27　周边土体水平位移随地下连续墙长度变化曲线

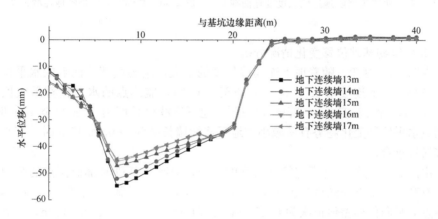

图 2-28　周边土体竖向位移随地下连续墙长度变化曲线

20.5mm 减小至 17.7mm，减小量为 2.8mm，降幅为 13.7%。当地下连续墙长度在 16m、17m 时，地表土体的水平位移最大值分别为 17.37mm、16.72mm，其长度改变对水平位移影响已经非常小。

由图 2-28 可知，随着地下连续墙长度的增加，周边地表土体的竖向位移逐渐减小。地下连续墙长度从 14m 增长至 15m 时，地表土体的竖向位移变化量最大。当其长度继续增加时，地表土体的竖向位移继续减小，但减小量趋势有所缓和。地下连续墙长度由 14m 增至 15m 时，竖向位移最大值由 −52.08mm 降至 −47.17mm，降幅 9.4%。

由此可见，增大地下连续墙长度对减小周边土体的位移存在"边际效应"，在适当范围内，增大地下连续墙长度可以有效地减小地表土体的位移，但当其长度增加到一定程度时，地表土体的位移变化对长度增长不敏感，此时，再增大地下连续墙长度来减小地表土体的位移作用不大。

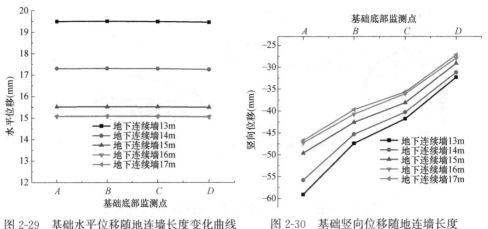

图 2-29　基础水平位移随地连墙长度变化曲线　　图 2-30　基础竖向位移随地连墙长度
变化曲线

② 建筑物基础位移变化情况分析

由图 2-29 可知，随着地下连续墙长度的增大，基础底部监测点的水平位移逐渐减小。地下连续墙长度由 13m 增至 14m 时，监测点的水平位移最大值由 19.51mm 降至 17.31mm，降幅 11.2%。地下连续墙长度由 14m 增至 17m 时，监测点水平位移变化趋势有所减小。地下连续墙长度为 16m 和 17m 时，其水平位移接近重合。

由图 2-30 可知，地下连续墙长度的增长，对减小基础底部监测点的竖向位移是有利的。地下连续墙长度由 14m 增至 15m 时最为明显，A、B、C、D 四个监测点的竖向位移差值依次为 6.15mm、2.74mm、2.19mm、2.08mm，各监测点竖向位移差值均在 2mm 以上。

由此可知，增加地下连续墙长度可以有效减小建筑物基础的位移，但当长度增加到一定程度时，支护效果不明显。在实际施工过程中，应选用合理的地下连续墙长度，防止建筑物整体沉降过大，影响其安全。

2）地下连续墙刚度的影响分析

为了研究不同地下连续墙刚度对周边土体和建筑物基础位移的影响情况，分别将地下连续墙刚度按 $1EA$、$2EA$、$3EA$、$4EA$、$5EA$ 五种工况进行分析。得出周边土体和基础底部监测点的位移变化见图 2-32～图 2-35。地下连续墙刚度模型见图 2-31。

① 基坑周边土体位移变化情况分析

由图 2-32 可知，随着地下连续墙刚度的增加，周边土体的水平位移不断减小。地下连续墙刚度由 $0.5EA$ 至 $5EA$，周边土体的水平位移最大值依次为 28.26mm、26.87mm、25.14mm。地下连续墙刚度由 $0.5EA$ 到 $1EA$，水平位移降幅为 5%，当地下连续墙刚度由 $1EA$ 至 $5EA$ 时，水平位移减小量 1.73mm，降幅也较小。

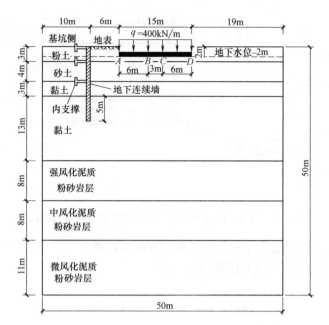

图 2-31　地下连续墙刚度模型

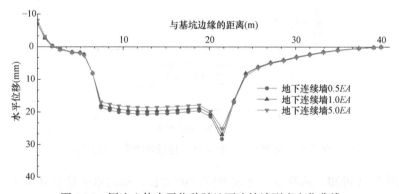

图 2-32　周边土体水平位移随地下连续墙刚度变化曲线

由图 2-33 可知，地表土体的竖向位移随着地下连续墙刚度的增大而减小，地下连续墙刚度由 0.5EA 增至 1EA 时，周边土体的竖向位移最大值由 −52.03mm 降至 −49.32mm，降幅 5.2%，地下连续墙刚度为 5EA 时，地表土体竖向位移为 −45.6mm，与地下连续墙刚度 1EA 相比竖向位移减小量为 3.72mm，降幅为 7.5%。

由此可见，可以通过增加地下连续墙刚度来减小周边土体的位移，但当刚度增加到一定程度时，再通过增加地下连续墙刚度来减小土体的位移作用不明显，可以推理出，地下连续墙刚度增加对减小周边土体的位移存在边际递减现象，一

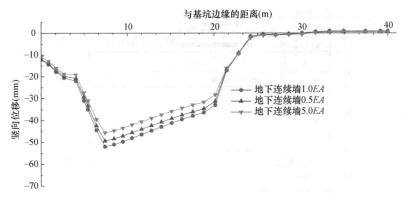

图 2-33　周边土体竖向位移随地下连续墙刚度变化曲线

味增大刚度来减小周边土体的位移既不经济也不合理。

② 建筑物基础位移变化情况分析

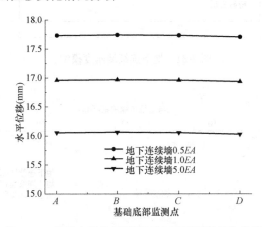

图 2-34　基础水平位移随地下连续墙刚度变化曲线

　　由图 2-34 可知，随着地下连续墙刚度的增长，基础水平位移逐渐减小。地下连续墙刚度由 $0.5EA$ 至 $5EA$ 时，基础底部监测点水平位移最大值依次为 17.74mm、16.97mm、16.06mm，地下连续墙刚度由 $0.5EA$ 到 $1EA$ 时，水平位移降幅为 4.3%，随着地下连续墙刚度的增加对基础水平位移影响越来越小。

　　由图 2-35 可知，随着地下连续墙刚度的增加，建筑物基础的竖向位移会逐渐减小。当地下连续墙刚度从 $1EA$ 到 $5EA$ 时，基础底部监测点的竖向位移最大值由 -52.26mm 降至 -48.38mm，降幅为 7.4%，刚度增加 5 倍，竖向位移减小量为 3.88mm，刚度增加对建筑物基础竖向位移减小量影响较小。

　　当地下连续墙刚度达到一定程度时，基础位移虽会继续减小，但其减小速率有所降低，再次增加刚度来调控基础位移是不合适的。说明支护结构的刚度增

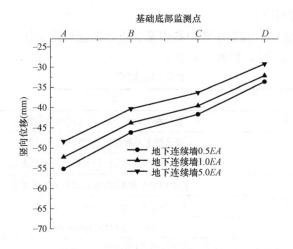

图 2-35 基础竖向位移随地下连续墙刚度变化曲线

加,可以有效减少基坑开挖对基础变形的影响,但当支护结构刚度增加到一定程度时,继续增大刚度来调控基础变形效果不明显。

2.2.3 主要影响因素分析

基坑开挖过程中,诱发周边土体及邻近建筑物基础变形的因素繁多,本节按照工程实际情况进行模拟,分析了土性参数、地下水位、开挖深度、建筑物与基坑的距离、地下连续墙长度和刚度等因素改变情况下基础以及周边土体的变形情况。基于有限元分析结果,借助层次分析法,分析出影响结构变形的主要因素。

(1) 建立层次分析模型

基于有限元分析结果确定影响结构性能的各因素,建立层次分析模型如图 2-36 所示。

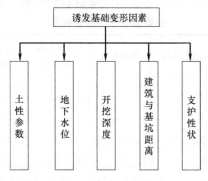

图 2-36 层次分析模型

（2）构造判断矩阵

在层次分析法中，为使矩阵中各因素的重要性能够定量显示，引进了矩阵判断标度（1～9标度法），如表2.4所示。

矩阵判断标度   表2.4

标度	含　义
1	表示两个元素相比,具有同样的重要性
3	表示两个元素相比,前者比后者稍重要
5	表示两个元素相比,前者比后者明显重要
7	表示两个元素相比,前者比后者及其重要
9	表示两个元素相比,前者比后者强烈重要
2,4,6,8	表示上述相邻判断的中间值

a_{ij} 表示:i 相对 j 来讲的比较结果(重要性),$a_{ii}=1$,$a_{ji}=1/a_{ij}$

基于有限元分析结果，确立主要影响结构性能因素的判断矩阵，见表2.5。

判断矩阵   表2.5

主要影响性能因素	土性参数	地下水位	开挖深度	建筑与基坑距离	地下连续墙长度	地下连续墙刚度
土性参数	1	1/2	1/8	1/9	1/3	1/2
地下水位	2	1	1/7	1/8	1/2	1
开挖深度	8	7	1	1/2	6	7
建筑与基坑距离	9	8	2	1	7	8
地下连续墙长度	3	2	1/6	1/7	1	1
地下连续墙刚度	2	1	1/7	1/8	1	1

（3）影响因素权重计算

经计算得出各因素对变形控制结构性能影响的权重，见表2.6。

主要影响性能因素权重   表2.6

主要影响因素	土性参数	地下水位	开挖深度	建筑与基坑距离	地下连续墙长度	地下连续墙刚度
权重	0.033	0.051	0.329	0.455	0.074	0.057

由上表可知，各因素改变均会对结构性能产生影响，从影响程度来看，各因素对周边土体及建筑物基础的变形影响程度最大的为建筑距基坑的距离，其他因素的影响依次为开挖深度、地下连续墙长度、地下连续墙刚度、地下水位、土性参数。

2.3　基础变形对建筑安全性影响

本节通过采用 SAP2000 有限元软件，将基坑开挖诱发的建筑基础变形反作用于上部结构中，仿真分析建筑物基础倾斜率、建筑物倾斜、结构应力和裂缝宽度等指标的变化情况，对比危房评价标准，对建筑安全状态的改变情况进行评价，阐明基础变形与上部结构安全状态改变之间的关联性。

2.3.1　建筑变形模型的确定

本节建立的建筑物模型为行政办公楼框架结构，建筑物总长为 28.8m，宽为 15m，共 7 层，每层层高均为 3.6m，建筑物总高为 25.2m。本文选取 3 号轴为一榀框架进行模拟，近基坑侧为 A 轴，A 轴下方为基坑侧。各层梁柱布置见图 2-37，框架结构各参数如表 2.7 所示、梁柱配筋大样图见图 2-38。

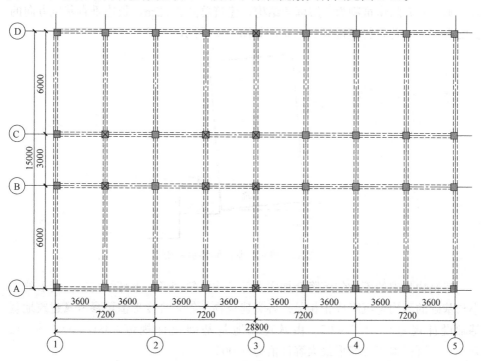

图 2-37　梁柱平面布置图

建筑物各构件参数　　　　　　　　　　　　　　　　　　　　　表 2.7

参数构件	主梁	次梁	柱	板
截面(mm)	300×600	250×500	400×400	120
混凝土强度等级	C25	C25	C25	C25

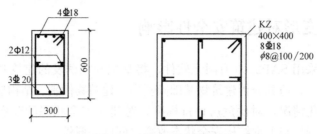

图 2-38　梁柱配筋大样图

2.3.2　建筑物基础倾斜率分析

　　建筑物基础倾斜变形是评价建筑物损坏的重要指标之一，实际工程中应对建筑物倾斜变形进行实时监测，当倾斜变形达到最大变形容许值的 80% 时应发出预警信号，当接近最大变形容许值时应及时采取有效的保护方法避免发生工程事故。本节研究的建筑物为 7 层框架结构，建筑总高 25.2m，长边垂直基坑方向的长度为 15m，建筑物基础倾斜示意图如图 2-39 所示。

图 2-39　建筑物基础倾斜示意图

　　建筑物基础的不均匀沉降会加大上部结构倾斜变形，上部结构倾斜变形的大小与基础的不均匀沉降成正相关。各类建筑物倾斜容许变形值可参考《建筑地基基础设计规范》GB 50007。由《建筑地基基础设计规范》GB 50007—2011 表 5.3.4 可得本工程变形最大容许值为 0.003。

　　建筑物基础倾斜率 η 的计算可以使用式（2-1）：

$$\eta = \frac{d_A - d_D}{L} \tag{2-1}$$

　　式中，d_A 为基础监测点 A 的沉降量；d_D 为基础监测点 D 的沉降量；L 为基础 A、D 中心的水平间距。

基于 2.2 节的数值分析成果可得建筑物基础倾斜率，见表 2.8。

建筑物基础倾斜率　　　　　　　　　　　表 2.8

影响因素	工况	A 点沉降量 (mm)	D 点沉降量 (mm)	沉降差 (mm)	基础边长 (m)	倾斜率
土性参数	砂土	−53.18	−31.87	21.31	15	0.0014
	粉土	−52.26	−32.05	20.21		0.0013
	黏土	−49.87	−33.51	16.36		0.0011
地下水位 (m)	−1	−43.86	−26.61	17.25	15	0.0012
	−2	−47.26	−27.52	19.74		0.0013
	−3	−50.57	−28.76	21.81		0.0015
	−4	−52.39	−28.88	23.51		0.0016
	−5	−55.30	−28.95	26.35		0.0018
开挖深度 (m)	−3	−13.90	−19.38	5.48	15	0.0004
	−6	−28.53	−30.83	2.3		0.0002
	−9	−42.96	−37.65	5.31		0.0004
	−12	−62.44	−44.08	18.36		0.0012
	−15	−83.64	−47.41	36.23		0.0024
建筑物与基坑距离 (m)	3	−91.54	−47.16	44.38	15	0.0030
	4	−77.53	−29.91	47.62		0.0032
	5	−66.37	−35.96	30.41		0.0020
	6	−48.27	−30.97	17.3		0.0012
	7	−42.04	−31.97	10.07		0.0007
地下连续墙长度 (m)	13	−59.07	−32.30	26.77	15	0.0018
	14	−55.78	−31.91	23.87		0.0016
	15	−49.63	−33.13	16.50		0.0011
	16	−48.27	−30.97	17.30		0.0012
	17	−46.74	−34.42	12.32		0.0008
地下连续墙刚度	0.5EA	−55.16	−33.61	21.55	15	0.0014
	1.0EA	−52.26	−32.05	20.21		0.0013
	5.0EA	−48.38	−29.19	19.19		0.0013

由表 2.8 分析可得，土性参数改变对建筑物基础倾斜率影响较大，土体的黏聚力越高，建筑物基础的不均匀沉降就越小，对应的倾斜率就小。由砂土换成黏土时，倾斜率降幅为 21.4%，与由砂土转换成粉土的倾斜率降幅 7.1% 相比多出 14.3%。

随着地下水位的降低，建筑物基础的倾斜率不断增大，地下水位每下降1m，倾斜率增幅依次为 8.3%、15.4%、6.7%、12.5%，其中又以地下水位−2～−3m，−4～−5m 时倾斜率增幅最大。地下水位由−1m 增至−5m 时，倾斜率增幅为 50%，说明地下水位的降低对基础的倾斜变形影响较大，所以在实际工程中，应着重监测基坑内外的地下水位变化情况。

随着基坑开挖深度的加大，建筑物基础的倾斜率逐渐加大，在开挖前期，建筑物的倾斜方向偏向远离基坑侧，当开挖到一定深度时，建筑物才向基坑侧倾斜，所以会出现当基坑开挖至−3m 和−6m 时，A 监测点的沉降量小于 D 监测点的沉降量，同时也影响了对应的倾斜率。基坑从−6m 挖至−15m，每下挖3m，建筑物基础的倾斜率增幅情况依次为 100%、200%、100%。由此可见，基坑开挖深度对建筑物基础的倾斜率影响是非常大的，因此，在基坑开挖过程中，要着重监测和控制基础的倾斜情况，选定合理有效的支护措施和施工方法，以免倾斜过大，危害周边环境的安全。

在一定范围内，建筑物距基坑的距离越近，建筑物基础的倾斜率越大，当建筑物距离基坑 3m 时，由于距离基坑太近，A、D 两点的不均匀沉降相对于距离基坑 4m 时的沉降略小些，当建筑物距离基坑 4m 时，其建筑物基础的倾斜率略超最大容许值，建筑物距离基坑 4～7m 时，建筑物基础倾斜率降幅依次为37.5%、40%、41.7%，随着距离的增加，倾斜率降幅也越来越大。

随着地下连续墙长度的增长，建筑物基础的不均匀沉降越来越小，建筑物基础的倾斜率也越来越小，地下连续墙长度从 13～17m，建筑物基础的倾斜率均小于 0.002，说明地下连续墙长度对调控建筑物基础的倾斜率有一定的作用。

地下连续墙刚度的改变对建筑物基础的倾斜率影响较小，地下连续墙刚度由0.5EA 至 1EA，建筑物基础的倾斜率减小了 7.1%，与其他影响因素相比，减小量不明显。地下连续墙刚度的增长对减小建筑物基础的倾斜率有一定的作用，但其影响较小。

2.3.3　建筑物倾斜变形分析

由于建筑物本身是一个整体结构，建筑物倾斜也是评价建筑物损坏的重要指标，而建筑物倾斜由建筑物顶点位移和层间位移控制，当建筑物顶点位移或层间位移超过限值时，结构将不适于继续承载。基础的变形往往会诱发上部结构的变形，同时，考虑到建筑结构本身为半刚性结构，基础变形会与上部结构变形存在一定的差异。对此，为进一步阐明基础变形对上部结构的影响，有必要对建筑物倾斜情况进行分析。建筑物为 7 层的框架结构，总高为 25.2m，每层层高均为3.6m，根据《建筑设计防火规范》GB 50016 建筑高度超过 24m 为高层建筑，所以侧向位移选值为顶层位移不得大于 $H/550$、层间位移不得大于 $H_i/450$。参照上节变形分析模型，对建筑物倾斜进行分析，将基础变形反作用于上部结构，可以得到不同因素改变诱发的上部结构倾斜情况，得出结构不适于继续承载的侧向位移评定表。计算可得顶层位移不得大于 45.8mm，层间位移不得大于 8mm。

建筑物倾斜示意图如图 2-40 所示。

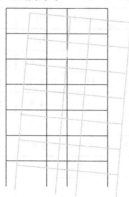

图 2-40　建筑物倾斜示意图

结构不适于继续承载的侧向位移评定　　　　　　　　表 2.9

检测项目	结构类别			顶点位移	层间位移
				C_u 级或 D_u 级	C_u 级或 D_u 级
结构平面内的侧向位移	混凝土结构或钢结构	单层建筑		$>H/400$	
		多层建筑		$>H/450$	$>H_i/350$
		高层建筑	框架	$>H/550$	$>H_i/450$
			框架-剪力墙	$>H/700$	$>H_i/600$

各因素作用下的建筑物侧向位移　　　　　　　　表 2.10

影响因素	工况	顶点位移 (mm)	层间位移(mm)						
			一层	二层	三层	四层	五层	六层	七层
土性参数	砂土	44.8	3.3	6.8	6.9	7	6.9	7	6.9
	粉土	42.3	3.1	6.4	6.5	6.6	6.6	6.6	6.5
	黏土	34.5	2.6	5.2	5.3	5.4	5.3	5.4	5.3
地下水位 (m)	−1	36.1	2.7	5.4	5.6	5.6	5.6	5.7	5.5
	−2	41.3	3	6.2	6.7	6.2	6.4	6.4	6.4
	−3	45.6	3.3	6.9	7.1	7.1	7.1	7.1	7
	−4	**49.2**	3.6	7.4	7.7	7.6	7.7	7.6	7.6
	−5	**55.1**	4.1	**8.3**	**8.5**	**8.6**	**8.5**	**8.6**	**8.5**

影响因素	工况	顶点位移(mm)	层间位移(mm)						
			一层	二层	三层	四层	五层	六层	七层
开挖深度 (m)	−3	−11.3	−0.8	−1.7	−1.7	−1.8	−1.8	−1.7	−1.8
	−6	−4.6	−0.3	−0.7	−0.7	−0.7	−0.7	−0.8	−0.7
	−9	11.1	0.8	1.7	1.7	1.7	1.8	1.7	1.7
	−12	38.3	2.8	5.8	5.9	6	5.9	6	5.9
	−15	**75.6**	5.5	**11.4**	**11.7**	**11.8**	**11.7**	**11.8**	**11.7**
建筑物与基坑距离 (m)	3	**93**	6.8	**14**	**14.5**	**14.4**	**14.5**	**14.4**	**14.4**
	4	**99.6**	7.3	**15**	**15.4**	**15.5**	**15.5**	**15.5**	**15.4**
	5	**63.6**	4.7	**9.6**	**9.8**	**9.9**	**9.9**	**9.9**	**9.8**
	6	36.2	2.6	5.5	5.6	5.6	5.7	5.6	5.6
	7	21.1	1.5	3.2	3.3	3.3	3.3	3.3	3.2
地下连续墙长度 (m)	13	**56.1**	4.1	**8.5**	**8.7**	**8.7**	**8.7**	**8.7**	**8.7**
	14	**50**	3.6	7.5	7.8	7.8	7.8	7.7	7.8
	15	36.2	2.6	5.5	5.6	5.6	5.7	5.6	5.6
	16	34.5	2.5	5.2	5.4	5.3	5.4	5.4	5.3
	17	25.8	1.9	3.9	4	4	4	4	4
地下连续墙刚度	0.5EA	45.2	3.3	6.8	7.1	7	7	7	7
	1.0EA	42.3	3.1	6.4	6.5	6.6	6.6	6.6	6.5
	5.0EA	40.2	2.9	6.1	6.2	6.3	6.2	6.3	6.2

由表 2.10 分析可得，土性参数对建筑物倾斜的影响为砂土最大，粉土次之，黏土最小。三种土的顶点位移和层间位移均未超限，由砂土换成黏土，建筑物的顶点位移降幅为 23%，砂土转换成粉土的顶点位移降幅为 5.6%，层间位移相差也较大。说明土体黏聚力的提高对减小建筑物倾斜是非常有利的。

随着地下水位的降低，建筑物的倾斜不断增大，当地下水位降到−3m 时，建筑物顶点位移为 45.6mm，已经与限值 45.8mm 非常接近。当地下水位降到−4m 以下，顶点位移已经超过限值，地下水位为−5m 时，除底层层间位移满足外，其他各层均超层间位移限值。地下水位的降低对建筑物的倾斜变形影响较大，在基坑施工过程中，应着重监测基坑内外的地下水位变化情况，防止水位下降过大，影响建筑物的安全。

在基坑开挖初期，建筑物的倾斜方向偏向远离基坑侧，所以当基坑开挖至−3m 和−6m 时，建筑物的顶点位移和层间位移出现负值。基坑开挖至−12m 时，建筑物的顶点位移和层间位移与规范限值还相差较大，当基坑开挖至−15m

时，顶点位移超限值 29.8mm，层间位移除底层外，其余各层层间位移超限值均在 3mm 以上。当基坑开挖到一定深度时，要重点监测建筑物的倾斜程度，以免倾斜过大，影响建筑物安全。

在建筑物距离基坑 3～5m 范围内，建筑物顶点位移分别为 93mm、99.6mm、63.6mm，层间位移均大于限值 45.8mm，除底层位移满足外，其余各层均不满足要求。当建筑物距离基坑 6～7m 范围内，各项位移在规范限值以内，且和规范限值相差较大。建筑物与基坑的距离是影响顶点位移和层间位移极其重要的因素，在实际施工过程中，近基坑的建筑物需重点防护，防止建筑物发生破坏。

随着地下连续墙长度的增长，建筑物顶点位移和层间位移越来越小，地下连续墙长 13m 时，顶点位移为 56.1mm，大于限值 45.8mm，二至七层的层间位移均大于限值 8mm，层间位移也不满足规范要求。地下连续墙长 14m 时，顶点位移为 50mm，二至七层的层间位移与限值也相差较小。地下连续墙长 15～17m 时，建筑物顶点位移和层间位移均在规范允许范围内，说明地下连续墙长度对调控建筑物的倾斜有一定的作用。

地下连续墙刚度的改变对建筑物顶点位移和层间位移的影响与其他因素相比较小。地下连续墙刚度由 $0.5EA$ 至 $5EA$ 时，各项位移均满足要求，说明地下连续墙刚度对调控建筑物的倾斜有一定效果。当其刚度达到一定程度时，再次增加刚度来减小顶点位移和层间位移作用不明显。

综上分析可得，开挖深度和建筑物与基坑的距离对顶点位移以及层间位移影响最大。在基坑开挖工程中，应着重考虑这两个因素对建筑物变形的影响，防止建筑物变形过大影响其安全。

2.3.4　结构应力变化情况

基坑开挖过程中基础变形会诱发上部结构体系的应力改变，而内力变化主要体现在轴力、剪力和弯矩，对此，基于前述仿真分析模型，可以得出开挖前后结构体系内力的变化情况。本节通过选取基坑开挖过程中各影响因素中最不利一组情况作为基础变形的依据，将基础变形反作用于上部结构，通过对比开挖前后底层和顶层梁柱的内力变化，得出建筑物在基坑开挖前后的内力变化情况。

（1）土性对结构应力的影响

由上节分析可知，土性参数中对建筑物沉降影响最大的为砂土，本节依据前述分析成果，将基础变形值反作用于上部结构，得出在建筑物土性参数最不利的情况下，基坑开挖前后轴力、剪力和弯矩的变化情况，见图 2-41～图 2-46。

通过对建筑物底层开挖前和开挖后的结构应力对比分析可得，梁柱轴力变化均在 5% 以内，中跨梁和中柱受基坑开挖影响稍微大些。梁柱剪力变化情况为中

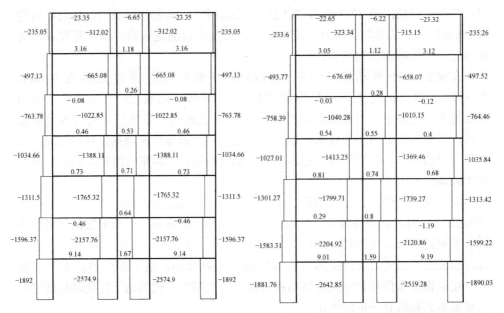

图 2-41　开挖前上部结构轴力图（kN）　　　图 2-42　开挖后上部结构轴力图（kN）

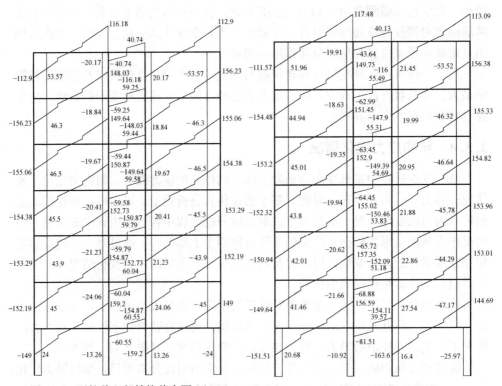

图 2-43　开挖前上部结构剪力图（kN）　　　图 2-44　开挖后上部结构剪力图（kN）

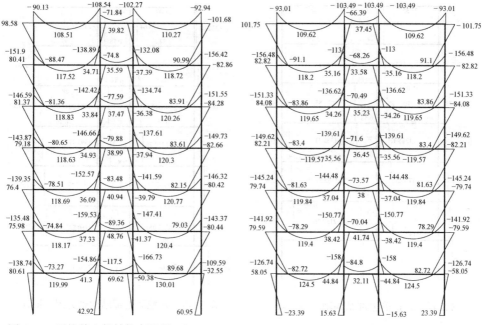

图 2-45　开挖前上部结构弯矩图（kN・m）　　图 2-46　开挖后上部结构弯矩图（kN・m）

跨梁受基坑开挖影响较大，梁 BC 两端变化量均在 30% 以上，边梁变化量均小于 3%。首层柱剪力变化情况受基坑开挖影响也较大，其中 B、C 柱影响尤为明显。梁弯矩变化依然是中跨梁变化较大，梁两端的变化量最大值达到了 38.6%，其次是近基坑侧的边梁 AB，变化量也在 10% 以上。首层柱弯矩变化受基坑开挖影响最大，弯矩最大增幅为 174%，弯矩最大降幅为 100%。顶层梁柱应力变化幅度整体不大，中跨梁和中柱总体上较大些，对比底层和顶层的梁柱应力改变情况可以得出，整体开挖对框架结构的轴力、剪力和弯矩所产生的影响由底层向上逐层减小，且底层较其他层影响最为明显。

（2）地下水位变化对结构应力的影响

由上节分析可知，地下水位为 −5m 时对建筑物沉降影响最大，本节依据前述分析成果，将基础变形反作用于上部结构，得出建筑物在地下水位最不利的情况下，基坑开挖前后轴力、剪力和弯矩的变化情况，见图 2-47～图 2-52。

通过对建筑物底层开挖前和开挖后的结构应力对比分析可得，底层中跨梁轴力降幅最大为 68.9%，边跨梁变化在 8%～10% 之间。底层柱轴力变化均小于 3%，受基坑开挖影响不大。底层中跨梁剪力受开挖影响最大，梁两端剪力变化量均大于 30%，近基坑侧的边跨梁 AB 剪力变化幅度是远基坑侧的 10 倍，说明地下水位这一因素在基坑开挖过程中对近基坑侧的边梁剪力影响较大。底层柱的

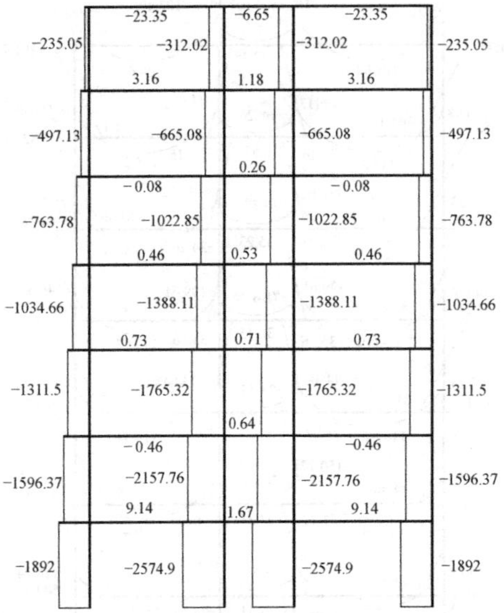

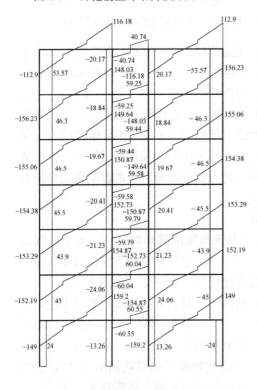

图 2-47　开挖前上部结构轴力图（kN）

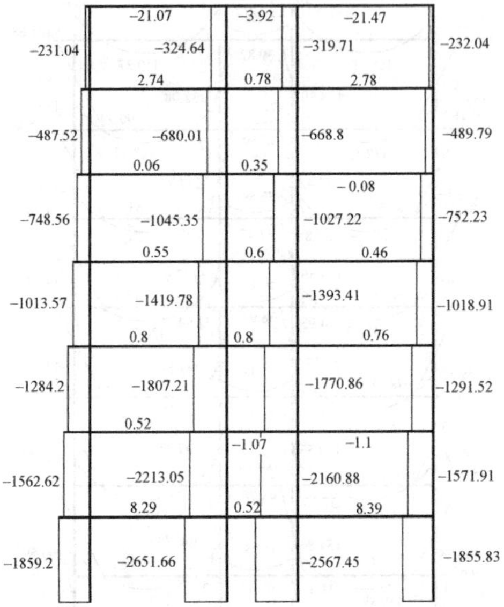

图 2-49　开挖前上部结构剪力图（kN）

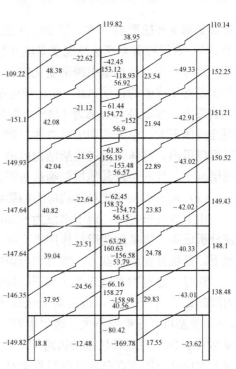

图 2-48　开挖后上部结构轴力图（kN）

图 2-50　开挖后上部结构剪力图（kN）

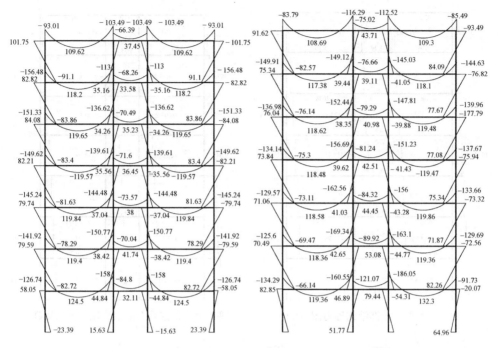

图 2-51　开挖前上部结构弯矩图（kN・m）　　图 2-52　开挖后上部结构弯矩图（kN・m）

剪力增幅最大值出现在 B 柱，达到了 32.4%，边柱 D 降幅也在 20% 以上。梁弯矩变化为中跨梁最大，增幅最大值为 42.8%，其次是近基坑侧的边梁 AB，最大增幅为 27.6%，边梁 CD 弯矩变化幅度与边梁 AB 相比要小 10 倍以上。首层柱弯矩变化受基坑开挖影响最大，弯矩增幅最大值为 231%，弯矩最大降幅为100%。顶层梁轴力变化情况为近基坑侧梁 AB 变化幅度小，中跨梁 BC 降幅为41.1%，边梁 CD 降幅为 9.8%，顶层柱轴力变化为中柱较大，边柱较小，变化幅度均小于 4%。顶层梁剪力变化受基坑开挖影响不大，变化幅度均在 5% 以内，顶层中柱剪力增幅在 10% 以上，边柱剪力均减小。顶层梁跨中弯矩降幅在 1% 以内，其余各节点降幅在 5%～13% 之间。顶层柱弯矩增幅最大为 B 柱，最大增幅为 16.8%，其余各柱变化幅度相差不大。

（3）开挖深度对结构应力的影响

由上节分析可知，开挖深度越大，对建筑物变形影响越大，对建筑物沉降影响最大的为开挖深度 15m，本节依据前述分析成果，将基础变形反作用于上部结构，得出建筑物在开挖深度最不利的情况下，基坑开挖前后轴力、剪力和弯矩的变化情况，见图 2-53～图 2-58。

通过对建筑物底层开挖前和开挖后的结构应力对比分析可得，底层中跨梁轴力增幅最大为 110.2%，边跨梁轴力增幅也在 10% 以上。底层柱轴力增幅最大值

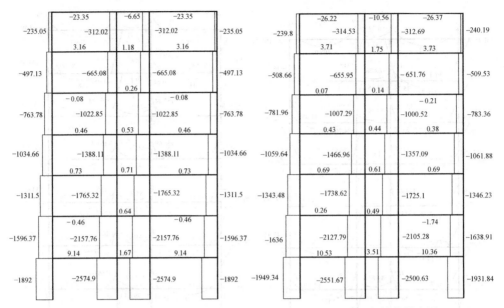

图 2-53　开挖前上部结构轴力图（kN）　　　图 2-54　开挖后上部结构轴力图（kN）

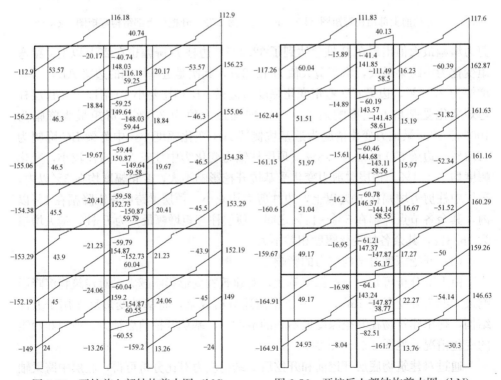

图 2-55　开挖前上部结构剪力图（kN）　　　图 2-56　开挖后上部结构剪力图（kN）

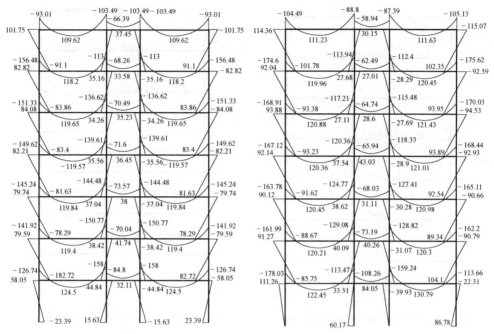

图 2-57 开挖前上部结构弯矩图（kN·m）   图 2-58 开挖后上部结构弯矩图（kN·m）

在 D 柱，增幅为 3%，整体来看，底层柱受基坑开挖影响不大。底层梁剪力变化情况为，近基坑侧边跨梁 AB 变化幅度为 1.6%，边跨梁 CD 增幅最大值为 10.7%，边跨梁 CD 的变化幅度是 AB 的近 10 倍，中跨梁受基坑开挖影响最大，最大增幅为 36.3%。底层柱剪力改变最大在 A 柱和 D 柱，D 柱降幅最大为 39.4%。底层梁弯矩变化为中跨梁最大，增幅最大值为 49.2%，近基坑侧的边梁 AB 最大降幅为 10.3%，边梁 CD 最大增幅为 40.5%。首层柱弯矩受基坑开挖影响最大，弯矩增幅最大值为 285%，弯矩最大降幅为 100%。顶层梁轴力变化情况为中跨梁增幅最大为 58.6%，边梁轴力改变相差不大，均在 10% 以上。顶层柱轴力整体来说受基坑开挖影响较小，变化幅度均在 2% 以内。顶层边梁剪力受基坑开挖影响较大些，增幅最大值为 4%，中跨梁剪力受影响较小。顶层中柱剪力受基坑开挖影响最大，最大降幅为 21.2%，边柱剪力变化也在 10% 以上。顶层梁跨中弯矩增幅在 2% 以内，其余各节点变化量相差不大，最大降幅出现在边梁 AB 左端，为 15.6%。顶层柱弯矩变化最大出现在中柱，增幅最大值为 21.3%，边柱 A 和 B 增幅相差不大。

（4）建筑基础距基坑的距离对结构应力的影响

由上节分析可知，建筑物距离基坑越近，对建筑物变形影响越大，本节根据前述模拟分析成果，得出建筑物距离基坑 4m 时，差异沉降量最大，对变形影响最不利。将基础变形反作用于上部结构，得出建筑物在开挖深度最不利的情况下，基坑开挖前后轴力、剪力和弯矩的变化情况，见图 2-59～图 2-64。

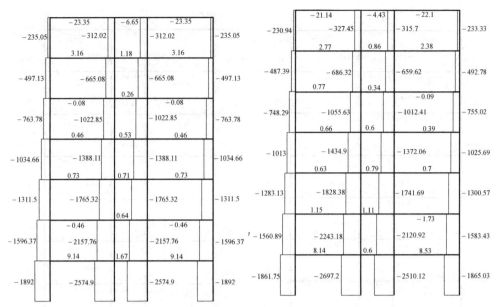

图 2-59 开挖前上部结构轴力图（kN）　　　　图 2-60 开挖后上部结构轴力图（kN）

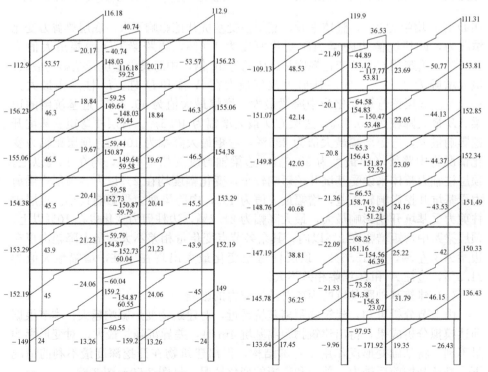

图 2-61 开挖前上部结构剪力图（kN）　　　　图 2-62 开挖后上部结构剪力图（kN）

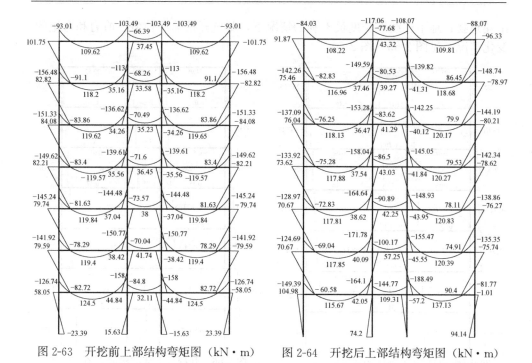

图 2-63　开挖前上部结构弯矩图（kN·m）　　图 2-64　开挖后上部结构弯矩图（kN·m）

通过对建筑物底层开挖前和开挖后的结构应力对比分析可得，首层梁轴力均有所减小，其中中跨梁 BC 减小幅度最大为 64.1%，首层柱受基坑开挖均较小，最大增幅为 C 柱的 4.7%。首层中跨梁剪力变化最大，左右变化相当均在 60% 以上。首层柱剪力受基坑开挖影响较大，近基坑侧的 A 柱受影响最小，远基坑侧 B、C、D 柱影响均在 20% 以上，影响最大为 B 柱，降幅为 45.9%。首层梁弯矩为近基坑侧的边梁 AB 变化最大，最大降幅为 35.5%，中跨梁受影响最大，最大增幅为 70.7%。首层柱弯矩受基坑开挖影响最大，所有节点变化量均在 80% 以上，弯矩增幅最大值为 374%，弯矩最大降幅为 100%。顶层梁柱内力变化与底层相比变化大大减小，顶层梁柱轴力变化为中跨梁 BC 和中柱 B、C 改变最大，梁最大降幅为 33.4%，柱最大增幅为 4.9%。顶层梁剪力为近基坑侧的边梁 AB 小于远基坑侧的边梁 CD，边梁 AB 变化量为 1.4%，边梁 CD 变化量为 3.3%，中跨梁剪力变化最大，升降幅在 10% 以上。顶层柱剪力增幅最大为 B 柱，降幅最大为 D 柱，最大增幅为 17.5%。顶层梁弯矩变化量最大为中跨梁 BC 的左端，增幅为 17%，边梁 CD 弯矩变化最大为右端，增幅为 13.1%。顶层柱弯矩与底层相比受基坑开挖影响大大减小，变化量最大为 B 柱，最大增幅为 17.5%。

（5）支护性状对结构应力的影响

1）地下连续墙长度的影响分析

由上节分析可知，地下连续墙长度越短，差异沉降量越大，对变形影响最不利。本节选取地下连续墙长 13m 时的变形，将基础变形反作用于上部结构，得出建筑物在地下连续墙长度最不利的情况下，基坑开挖前后轴力、剪力和弯矩的变化情况，见图 2-65～图 2-70。

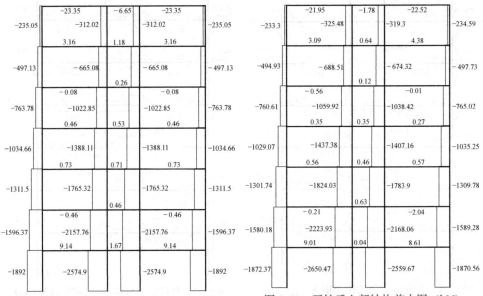

图 2-65 开挖前上部结构剪力图（kN）　　　图 2-66 开挖后上部结构剪力图（kN）

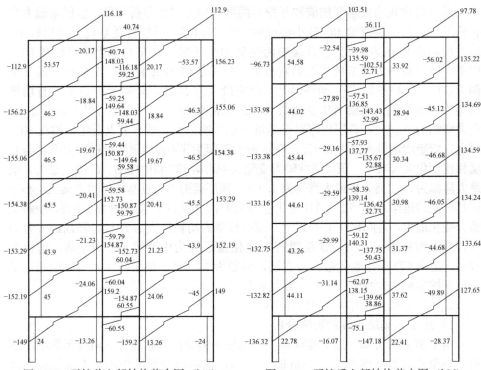

图 2-67 开挖前上部结构剪力图（kN）　　　图 2-68 开挖后上部结构剪力图（kN）

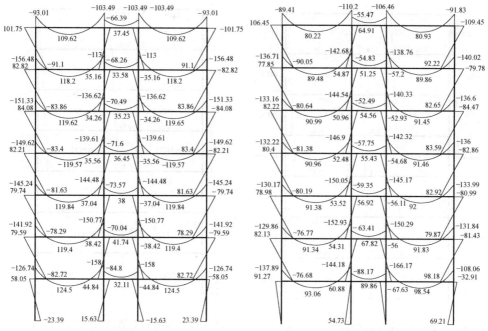

图 2-69　开挖前上部结构弯矩图（kN·m）　　图 2-70　开挖后上部结构弯矩图（kN·m）

　　通过对建筑物底层开挖前和开挖后的结构应力对比分析可得，底层中跨梁轴力受基坑开挖影响较大，降幅达到 98%，底层柱轴力 C 柱增幅最大，为 2.9%，其余各柱降幅在 1% 左右。底层梁剪力右端比左端受基坑开挖影响大些，中跨梁最大降幅为 35.8%，底层柱剪力受基坑开挖影响最大为 B 柱，增幅为 69%，边柱 A 和中柱 C 增幅依次为 18.2%、21.2%，远基坑侧的边柱 D 影响最小。底层梁弯矩受基坑开挖影响最大的为中跨梁右端，还有边梁 AB 和 CD 的中跨，降幅均在 20% 以上。首层柱弯矩受基坑开挖影响最大的为中柱，弯矩增幅最大值为 250.2%，弯矩最大降幅为 100%。顶层梁受基坑开挖影响，轴力均有所减小，其中中跨梁减小量最大，为 73%。顶层中柱 C 轴力变化稍微大些，增幅为 4.3%，边柱 A 和 B 降幅在 1% 以内。顶层梁剪力为边梁 AB 和 CD 受基坑开挖影响较大，最大降幅为 14.3%，顶层梁剪力中柱 B 和 C 影响较大，增幅均在 60% 以上。顶层梁边梁的跨中弯矩受基坑开挖影响较大，最大为边梁 CD 的跨中弯矩，降幅为 26.8%。中柱受基坑开挖影响较大，增幅均在 50% 以上，边柱影响较小。

　　2）地下连续墙刚度的影响分析

　　由上节分析可知，地下连续墙刚度的影响对建筑物基础的差异沉降量影响不大，本节选取地下连续墙刚度 1EA 时的变形，将基础变形反作用于上部结构，得出建筑物在地下连续墙刚度最不利的情况下，基坑开挖前后轴力、剪力和弯矩的变化情况，见图 2-71～图 2-76。

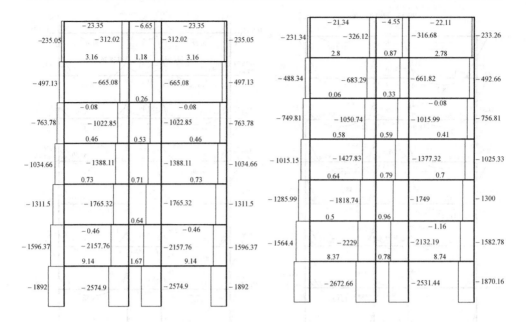

图 2-71　开挖前上部结构剪力图（kN）　　　图 2-72　开挖后上部结构剪力图（kN）

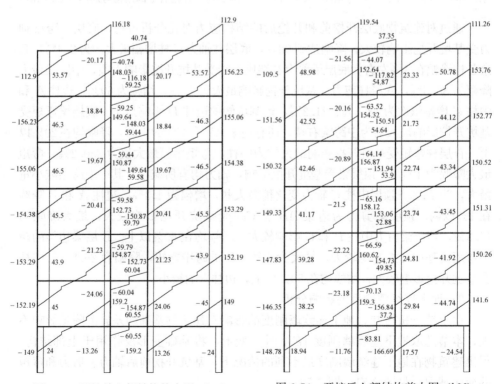

图 2-73　开挖前上部结构剪力图（kN）　　　图 2-74　开挖后上部结构剪力图（kN）

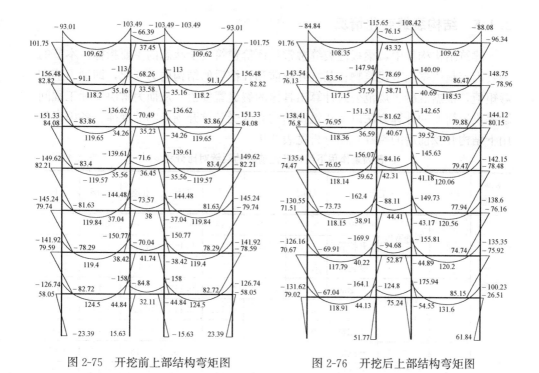

图 2-75　开挖前上部结构弯矩图
（kN·m）

图 2-76　开挖后上部结构弯矩图
（kN·m）

通过对建筑物底层开挖前和开挖后的结构应力对比分析可得，底层中跨梁轴力受基坑开挖影响最大，降幅为 53%，近基坑侧的边梁 AB 轴力减小量不及远基坑侧边梁 CD，边梁 CD 减小量为边梁 AB 的 2 倍。底层柱轴力增幅最大为 C 柱，增幅为 3.8%，其他各柱减小量相差不大。底层梁剪力变化为中跨梁最大，变化均在 30% 以上，近基坑侧的边梁剪力变化量为远基坑侧边梁 CD 的 5 倍。底层柱剪力中柱 B 增幅最大，为 32.5%，A 柱增幅较小，C、D 柱降幅均在 10% 以上。底层梁弯矩为中跨梁受基坑开挖影响最大，最大增幅为 47.2%，其次是近基坑侧的边梁 AB，其右端弯矩降幅为 20.9%。底层柱弯矩为中柱 B 和 C 受基坑开挖影响最大，最大增幅为中柱 C，增幅为 231.2%，最大降幅也出现在中柱，为 100%。顶层梁柱轴力与底层相比，受基坑开挖影响相差不大，其中，中跨梁最大减小量为 32%，中柱最大增幅为 4.5%。顶层梁剪力变化均在 10% 以内，与底层相比已经大有减小。顶层 B 柱受基坑开挖影响最大，增幅为 15.7%。顶层弯矩除中跨梁左端和边梁 CD 右端受基坑开挖影响在 10% 以上外，其余各节点均小于 10%。顶层柱弯矩为 B 柱增幅最大，为 15.7%，D 柱弯矩降幅最大，为 9.8%，A 柱和 C 柱受其影响均在 5%～7% 之间。

2.3.5　结构裂缝变化情况

建筑结构构件中，梁板柱裂缝常常是评价建筑安全状态的主要指标。本节的主要内容是依据上节建筑物在基坑开挖前和开挖后的结构内力变化，即轴力值和弯矩值，根据混凝土规范公式计算出具体的裂缝宽度值，从而为解决实际工程问题提供较简便的计算方法以及建筑物结构裂缝受基坑开挖影响的规律。各因素作用下结构开挖前后的裂缝对比分析见表2.11。

各因素作用下结构开挖前后的裂缝对比分析　　　　表2.11

影响因素	构件	工况		底层	二层	三层	四层	五层	六层	七层
土性参数	梁	裂缝宽度(mm)	开挖前	0.179	0.16	0.155	0.162	0.16	0.174	0.08
			开挖后	0.193	0.178	0.167	0.162	0.161	0.174	0.088
			变化量	7.8%	**11.3%**	7.7%	0	0.6%	0	10%
	柱	裂缝宽度(mm)	开挖前	0.065	0.109	0.109	0.115	0.118	0.116	0.155
			开挖后	0.111	0.129	0.111	0.115	0.119	0.118	0.154
			变化量	**70.8%**	18.3%	1.8%	0	0.8%	1.7%	−0.6%
地下水位	梁	裂缝宽度(mm)	开挖前	0.179	0.16	0.155	0.162	0.16	0.174	0.08
			开挖后	0.225	0.194	0.183	0.174	0.166	0.164	0.1
			变化量	**25.7%**	21.3%	18.1%	7.4%	3.8%	5.7%	25%
	柱	裂缝宽度(mm)	开挖前	0.065	0.109	0.109	0.115	0.118	0.116	0.155
			开挖后	0.116	0.115	0.096	0.102	0.105	0.105	0.138
			变化量	**78.5%**	5.5%	11.9%	11.3%	11%	9.5%	11%
开挖深度	梁	裂缝宽度(mm)	开挖前	0.179	0.16	0.155	0.162	0.16	0.174	0.08
			开挖后	0.212	0.177	0.187	0.193	0.189	0.206	0.081
			变化量	**18.4%**	10.6%	20.6%	19.1%	18.1%	18.4%	1.2%
	柱	裂缝宽度(mm)	开挖前	0.065	0.109	0.109	0.115	0.118	0.116	0.155
			开挖后	0.174	0.133	0.132	0.137	0.14	0.139	0.182
			变化量	**167.7%**	22%	21.1%	19.1%	18.6%	19.8%	17.4%
建筑与基坑距离	梁	裂缝宽度(mm)	开挖前	0.179	0.16	0.155	0.162	0.16	0.174	0.08
			开挖后	0.229	0.198	0.186	0.176	0.168	0.163	0.1
			变化量	**27.9%**	23.8%	20%	8.6%	5%	6.3%	25%
	柱	裂缝宽度(mm)	开挖前	0.065	0.109	0.109	0.115	0.118	0.116	0.155
			开挖后	0.161	0.131	0.102	0.107	0.11	0.11	0.143
			变化量	**147.7%**	20.2%	6.4%	7%	6.8%	5.2%	7.7%

影响因素	构件	工况		底层	二层	三层	四层	五层	六层	七层
地下连续墙长度	梁	裂缝宽度(mm)	开挖前	0.179	0.16	0.155	0.162	0.16	0.174	0.08
			开挖后	0.192	0.163	0.163	0.158	0.15	0.152	0.091
			变化量	7.3%	1.9%	5.2%	2.5%	6.3%	12.6%	**13.8%**
	柱	裂缝宽度(mm)	开挖前	0.065	0.109	0.109	0.115	0.118	0.116	0.155
			开挖后	0.133	0.147	0.112	0.116	0.119	0.115	0.17
			变化量	**104.6%**	34.9%	2.8%	0.9%	0.8%	0.9%	9.7%
地下连续墙刚度	梁	裂缝宽度(mm)	开挖前	0.179	0.16	0.155	0.162	0.16	0.174	0.08
			开挖后	0.208	0.195	0.183	0.173	0.165	0.162	0.099
			变化量	16.2%	21.9%	18.1%	6.8%	3.1%	6.9%	23.8%
	柱	裂缝宽度(mm)	开挖前	0.065	0.109	0.109	0.115	0.118	0.116	0.155
			开挖后	0.108	0.121	0.102	0.107	0.11	0.11	0.144
			变化量	**66.2%**	11%	6.4%	7%	6.8%	5.2%	7.1%

基坑开挖过程中，不同因素改变对建筑物结构裂缝变化情况分析可得，底层柱裂缝受基坑开挖影响最大，其中又以基坑开挖深度和建筑物与基坑距离这两因素影响最为明显，柱底裂缝增幅依次为 167.7% 和 147.7%，土性参数、地下水位、地下连续墙长度以及地下连续墙刚度对柱底裂缝增幅分别为 70.8%、78.5%、104.6%、66.2%，裂缝增幅均在 60% 以上。其余各层柱与底层柱相比，裂缝增幅大大减小。梁裂缝增幅情况为底层梁和顶层梁较为明显，底层最大增幅为 27.9%，顶层最大增幅为 25%，中间层增幅有所减小。根据混凝土规范可得，该建筑物结构裂缝宽度限值为 0.3mm，基坑开挖过程中，各因素改变均未有裂缝超限值的情况。通过上述分析发现，在现有的建筑基础情况下，这些因素都会对建筑物裂缝的开展产生明显影响，尤其是基坑开挖深度增大、建筑物距离基坑较近时，建筑物裂缝变形量比较明显。

2.3.6　基础变形对控制值分析

随着基坑开挖深度的不断增大，致使邻近建筑物发生不均匀沉降或变形过大，从而影响建筑物的正常使用。在上节数值模拟结果的基础上，为提升建筑物变形控制的精度，在工程背景不变的情况下，通过改变建筑物基础的倾斜率，反算推演基础差异沉降量，并施加到建筑物结构变形当中，计算结构最大裂缝宽度以及建筑物的最大顶点位移和层间位移。从而得出在基坑开挖工程中，保证建筑物安全与正常使用以及建筑物基础的倾斜率、建筑物倾斜、结构应力和裂缝宽度均在规范允许的情况下，允许基础变形的最大倾斜率。基础变形对控制值的影响分析见表2.12。

基础变形对控制值的影响分析　　　　　　表2.12

基础倾斜率	0.001	0.002	0.003	0.004	0.005
差异沉降量(mm)	16.36	30.41	44.38	60.82	72.46
梁最大裂缝(mm)	0.198	0.237	0.234	0.294	**0.31**
柱最大裂缝(mm)	0.15	0.134	0.168	0.193	0.299
顶点位移(mm)	25.5	**47.1**	68.9	94.3	112
最大层间位移(mm)	4	7.4	10.8	14.7	17.4

　　本章建筑物为高度25.2m的行政办公楼，基础允许倾斜率0.003，建筑物顶点位移和层间位移容许值依次为45.8mm、8mm，结构裂缝宽度容许值为0.3mm。由上表可以看出，当限值超过0.003时，虽然基础倾斜率满足要求，对比现有规范以及建筑开裂受力情况，顶层位移和最大层间位移均超过限值，从而对上部结构的安全产生影响。当基础倾斜率为0.002时，结构裂缝宽度以及建筑物的层间位移均满足要求，唯有建筑物的顶点位移超过限值；当基础倾斜率为0.005时，结构裂缝宽度不满足要求。通过建筑物基础倾斜率表（表2.8）和建筑物侧向位移评定表（表2.9）可以看出，顶点位移为45.6mm，对应的基础倾斜率为0.0015，差异沉降量为21.81mm，建筑物基础的倾斜率、建筑物倾斜、结构应力以及裂缝宽度均满足要求。综合考虑，建筑物基础倾斜率安全值为0.0015。建筑物的安全和正常使用功能是由各个限值综合作用的结果，在满足各方限值要求的情况下确定其容许变形值，才能保证在基坑开挖过程中周边建筑环境的安全。

2.4　本章小结

　　站点基坑开挖会诱发周边土体及上部结构的安全状态发生改变，项目依托一工程实际项目，对基坑开挖与周边邻近建筑的安全状态改变情况进行了仿真分析，得到以下结论：

　　（1）基坑开挖过程中，土性参数、地下水位、开挖深度、建筑物与基坑的距离、地下连续墙长度和刚度等因素改变均会对周边土体及建筑基础变形产生影响，但影响程度存在一定的差异，其中建筑距基坑的距离影响最为显著，其他因素的影响依次为开挖深度、地下连续墙长度、地下连续墙刚度、地下水位、土性参数。

　　（2）土性指标的改变会对周边土体及建筑基础产生一定影响，尤其是土性强度指标的提升有助于减小水平位移和竖向位移；在不降水施工的情况下，基础部位水位上升有助于减小周边土体及建筑基础的变形；地下连续墙长度和刚度的提升都有助于减小周边土体及建筑基础的位移，但增加到一定限值时，其支护效果不明显；建筑与基坑间距离越近，地表及建筑基础的水平位移和沉降越大，建筑与基坑间距离越远，周边土体及建筑基础受基坑开挖的变形影响就越小；随着开挖深度的增加，周边土体及建筑基础的沉降逐渐增大，当开挖深度达到某一限值时，周边土体及建筑基础的沉降量急剧增加。从基坑开挖诱发横向变形和竖向变形的变形量来看，竖向变形量约为横向变形量的 2～4 倍。

（3）土性参数、地下水位、开挖深度、基坑与基础间距离、地下连续墙长度、地下连续墙刚度等因素改变均会对建筑物基础倾斜率、建筑物倾斜、结构应力和裂缝宽度产生影响，其中，建筑物基础的差异沉降量越大，对应的建筑物基础倾斜率、建筑物倾斜、结构应力和裂缝宽度也越大，建筑物基础倾斜率和建筑物倾斜受基础差异沉降量影响尤为显著。

（4）通过对建筑物底层和顶层开挖前和开挖后的梁柱应力对比分析发现，在相同变形的情况下，建筑构件的中跨梁和中柱受基坑开挖影响最大；基坑开挖对框架结构的轴力、剪力和弯矩所产生的影响由底层向上逐层减小。底层柱裂缝受基坑开挖影响最大，且结构内力受基坑开挖深度和建筑物与基坑距离这两种因素影响最为显著。

（5）在建筑物基础的倾斜率以及建筑物倾斜、结构应力和裂缝均满足规范要求时，可将建筑物基础的倾斜率 0.0015 作为本工程控制建筑安全的指标。

第3章 防渗水基坑支护结构设计及性能分析

3.1 防渗水基坑支护结构研究

3.1.1 防渗水基坑支护结构设计

站点基坑周边土体的变形与降水施工及土体排水固结变形密切相关，对此，为降低排水施工对周边土体变形的影响，研究提出了一种防渗水基坑支护结构及施工方法，其特征在于在基坑的侧壁设置竖向截水层、底部设置坑底截水层和坑底反力桩；竖向截水层由竖向混凝土桩和复合截水板组成；在复合截水板的底部设预制板尖，竖向分段处和纵向分段处分别设置竖向连接插槽和横向连接插槽，侧壁设置横向加筋板和竖向加筋板；在横向加筋板和竖向加筋板相交处设置横向加筋体。本发明的优点是：在基坑周边形成三维密闭防水结构，不但可以防止基坑渗透破坏，而且可以有效地控制基坑周边建筑的沉降变形。本发明还公布了上述一种防渗水基坑支护结构的施工方法，如图 3-1 所示。

（1）复合截水板沿竖向混凝土桩轴线向下布设，竖向混凝土桩采用水泥搅拌桩或高压旋喷桩或水泥搅拌墙；复合截水板根据地下水分布情况，采用竖向全断面设置或竖向局部高度设置。

（2）竖向连接插槽和横向连接插槽采用钢板焊接而成；竖向连接插槽和横向连接插槽的连接端部包括"⊐⊏"形连接端和"⊥⊤"形连接端；在"⊐⊏"形连接端内侧凹槽的内壁设置竖向的封口板限位凹槽、橡胶截水带、后注胶管限位孔，外侧设置分别与复合截水板和"⊥⊤"形连接端连接的"⊐⊏"形连接端补强钢板；在"⊥⊤"形连接端的外侧设置与复合截水板连接的"⊥⊤"形连接端补强钢板；"⊐⊏"形连接端补强钢板、"⊥⊤"形连接端补强钢板与连接插槽或复合截水板通过紧固螺栓连接。

（3）预制板尖呈倒梯形，采用钢板焊接而成；在预制板尖上表面沿纵向对称焊接两条限位钢板形成复合截水板限位槽；在复合截水板限位槽的两侧均设置辅助沉板钢管插入凹槽和后压浆管连接段；在复合截水板"⊐⊏"形连接端的侧壁

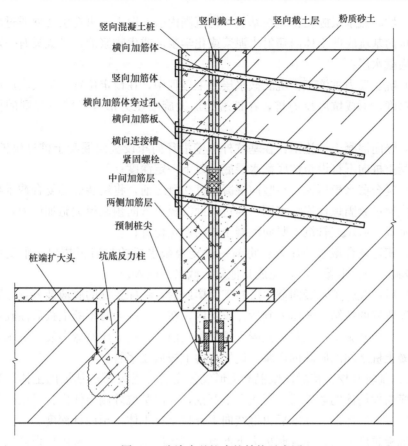

图 3-1　防渗水基坑支护结构示意图

设置封口板连接槽，封口板材在沉板过程中通过封口板限位凹槽插入预制板尖上表面的封口板连接槽内。

（4）横向加筋板和竖向加筋板采用条形钢板，设于复合截水板的一侧或两侧，与复合截水板通过紧固螺栓连接；在横向加筋板和竖向加筋板相交处预设横向加筋体穿过孔；横向加筋体采用全粘结锚杆或预应力锚杆或预应力锚索。

3.1.2　防渗水基坑支护结构的施工过程

（1）施工准备：对复合截水板和预制板尖进行质量检测，测试基坑平面尺寸及支护结构的平面位置；

（2）复合截水板组装：将复合截水板分段，在复合截水板分段处设置竖向连接插槽和横向连接插槽，外表面设置横向加筋板和竖向加筋板；在最下面一段复合截水板的下部设置预制板尖，将后压浆管与设置在预制板尖上表面的后压浆管连接段连接；

（3）坑底截水层施工：先在基坑开挖范围内引孔取土，再在引孔处通过高压旋喷桩机向基坑底部土体内喷射水泥浆或化学浆液或生物浆液，形成具有一定厚度的坑底截水层；

（4）坑底反力桩施工：坑底截水层施工过程中，在设定位置，加大高压旋喷的加固深度，形成坑底反力桩，在桩端处加大旋喷压力形成形状不规则的扩大桩端；

（5）竖向混凝土桩施工：在基坑外侧壁沿环向布设竖向混凝土桩打设桩机，竖向混凝土桩向下打设至坑底截水层底面以下一定深度；

（6）复合截水板压入：在竖向混凝土桩初凝之前，将组装好的复合截水板与预制板尖通过紧固螺栓连接牢固，通过辅助沉板钢管向预制板尖施加压力，带动复合截水板、后压浆管沉入竖向混凝土桩内设定位置；

（7）相连复合截水板压入：将前一段复合截水板的封口板拔出，重复步骤（4）、步骤（5）、步骤（6），完成其他复合截水板压入；

（8）后注胶施工：竖向截水层施工完毕以后，将配置好的胶液装入到注胶器中，将配置好的粘结胶液压入到后注胶管内，在注胶的同时不断上拔后注胶管；

（9）后压浆施工：在竖向混凝土桩终凝之前，通过后压浆管向复合截水板与竖向混凝土桩之间的间隙内压浆，边压浆边上拔后压浆管；

（10）基坑开挖：待后压浆混凝土形成强度后，逐级开挖基坑内土体，当具备打设横向加筋体的条件时，停止向下开挖，并向基坑外侧土体内打设横向加筋体；待横向加筋体形成强度后再继续向下开挖基坑土体，至设计深度。

当沉板难度大时，在预制板尖下部设置高压压浆喷出口，板内增设高压压浆管，板尖设高压压浆管连接段，边高压压浆，边下压预制板尖。

基坑在竖向截水层、坑底截水层、坑底反力桩、后注浆混凝土强度满足设计要求后再进行开挖施工，开挖过程中不进行基坑外侧及坑底排水。

3.1.3　防渗水基坑支护结构特点分析

（1）复合截水板的防渗效果优于常规的混凝土材料，在基坑侧壁转角处可整体预制，很好地解决了基坑侧壁渗漏问题；同时复合截水板与竖向混凝土桩可同时受力，提高了基坑支护结构的强度和刚度。

（2）支护结构在基坑侧壁、基坑底部均设置防渗层，在基坑周边、下部形成三维防渗水体系，可全面隔断基坑周边、下部水体的渗透路径。

（3）结构在坑底截水层下部设置与坑底截水层同步施工的坑底反力桩，不但可以提高基坑下部土体的承载能力，而且可以提高基坑的抗浮托性能，还可以充分发挥不同部位土体的承载性能。

（4）结构形式简单、施工方便、耐久性好、强度高，在基坑开挖完成后能与后续支护结构一起形成后期基坑支护结构，节省工程造价。

3.2　防渗水基坑支护结构室内试验研究

3.2.1　试验步骤

（1）板身应变片的粘贴

室内模型试验采用应变片测量板身应变，其中应变片的安装是一个比较重要的环节，应变片安装质量的高低直接影响测量数据的准确性。本次试验中电阻应变片的安装方法采用粘贴法。粘贴法是用粘结剂将应变片粘贴在被测构件的表面，当结构受力变形时，构件表面的变形传递到敏感栅而引起电阻的变化，必须保证胶层粘贴均匀牢固才能保证敏感栅如实地再现结构的变形。

（2）粘贴防渗土工膜

为了有效地控制和测量试验槽内的水位，要对试验槽进行防渗漏处理，在试验的过程中，通过土工膜防渗专用的 KS 热熔胶，将防渗土工膜粘贴在试验槽的内表面，对试验槽进行整体的防渗处理，并在支护结构物混凝土板的表面整体粘贴同样的防渗土工膜。将处理完毕的混凝土板，按照设计的位置吊放到试验槽时，混凝土板的侧面与试验槽在竖直方向接缝处，粘贴防渗土工膜进行防渗漏处理。

（3）土体填筑

1）土样制备

试验中所用的土体取自南昌周边的砂土地区，将土体运回试验室后，所取土体应及时的封存。为了保证试验的顺利进行，对土体进行了土体风干、捣碎、浸润等加工预处理，土体需要捣碎均匀，粒径颗粒小于 2cm。土体浸润搅拌时，按照砂土的含水率要求来控制，含水率约为 20%。

2）土体的分层填筑

土体填筑模型箱之前，需要在模型箱的内侧表面薄薄涂刷一层矿物油隔离剂，以减少边界效应。将搅拌均匀的土体倒入模型箱中，并用铁锹充分填压，防止土体中出现较大空隙，如图 3-2 所示。在将土体填入模型箱的过程中，每次填土的高度约为 50cm，每次填土完成以后，在土体的表面放一定数量的混凝土块，使填土压满 24h，分 3d 将模型箱内的土填满，土体填筑如图 3-2 所示。

（4）水位计

当模型箱的土体填埋至一定的高度时，根据试验设计方案，测量确定水位计的埋设位置，在预定的位置放置 MIK-P260 型的水位传感器。在水位计埋设之前，先对预定埋设位置土体进行夯实找平，再将水位计压入土中并确定水位计安

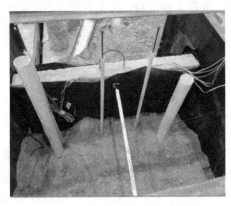

图 3-2　土体填筑

装水平。水位计埋设完毕后用搅拌均匀的土体轻轻覆盖。

（5）安装位移传感器

土体的竖向位移传感器、横向位移传感器以及支护结构的位移传感器安装方法类似，均是当土体填埋至一定高度的时候，依据试验设计方案，确定位移传感器的安装位置，在位移传感器埋设之前，需要对埋设位置的土体进行夯实找平。土体的竖向位移传感器安装时，要保证竖向位移传感器不发生倾斜和转动；土体的横向位移传感器安装时，要保证位移传感器在水平方向；支护结构水平位移传感器安装时，要保证位移传感器的末端，与支护结构对应位置上的螺栓连接端连接紧密，防止发生转动。在测量土体的水平位移与支护结构水平位移时，需要在试验槽对应位置开孔，在开孔处进行防渗处理。

（6）土体的预压固结

模型箱填土达到设计填土高度以后，在土体表面放置一定荷载的混凝土块，让土体进行固结，直至土面平整，孔隙水压力保持稳定，固结 7d。

土体固结以后，取下混凝土块，并使用不透水塑料薄膜将模型箱土体表面处密封，保证土体含水率的稳定。让土体在不受荷载的作用下静置 7d，使已被压缩为超固结的土体回弹到一种稳定的状态。随后可进行分层开挖试验。

（7）分层开挖土体

在土体回弹稳定之后，对试验土体进行土工试验，得到土体的相关物理力学参数见表 3.1。

土体物理参数　　　　　　　　　　　　　　　　表 3.1

类别	数值
含水率 w（%）	19.26
孔隙比 e	0.303
密度（g/cm³）	1.6
重度（kN/m³）	16
渗透系数（cm/s）	$2.99 \times 10e^{-3}$

对土体进行分层开挖之前，去除模型土体表面的不透水塑料薄膜，在分层开挖的过程中要控制试验槽内水位，通过水位显示仪来显示试验槽内的水位。因为

试验模型箱做不到完全绝对的密封，试验槽内的水会渗流到试验槽的外侧，当试验槽内的水位低时，通过表面带孔的塑料管，向试验槽内加水，控制水位变化。依据试验方案共开挖 1m 高的土层，分 4 次开挖，每次开挖 25cm，每层土的开挖时间控制在 10min。在开挖之前，所有位移传感器百分表的读数要归零，一层土开挖完毕以后，读取第 10min、10min、10min、15min 各个百分表的读数，此后每隔 30mim 读一次，当同一百分表两次读数小于 0.1mm 时，即认为变形达到相对稳定。记录相关数据，进行下一土层的开挖。

（8）试验数据的采集

在本次模型试验中需要采集以下数据：支护侧土体的横向位移、竖向位移和支护结构的横向位移、板身应变、不同试验模型箱水位。

3.2.2　基坑外不排水开挖试验成果

试验模型箱高度为 1.5m，支护结构高度 1.35m，在支护结构底部有 0.15m 高度的砂土垫层。进行室内试验时，共开挖 1m 深的土体，分 4 次开挖，每次开挖 25cm，基坑内侧水位距离地表 1.05m，基坑外侧水位距离地表 0.05m，在基坑分层开挖的过程中，基坑内外侧的水位保持不变。每次开挖完成以后，测量不同深度土体水平位移、竖向位移，支护结构的水平位移和支护结构不同部位的应力。对所测数据进行整理分析，绘制相关表格。

（1）基坑土体位移与开挖关系分析

4 个土体水平位移测点深度和 4 个竖向位移测点深度均是距离地表 0.2m、0.5m、1m 和 1.3m，依据位移百分表所测得的数据，绘制土体位移随开挖深度的变化曲线，如图 3-3 和图 3-4 所示。

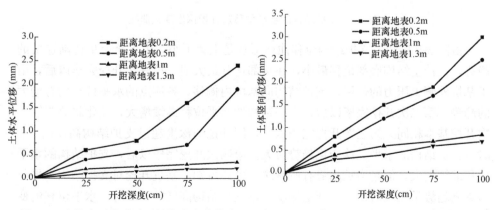

图 3-3　土体水平位移随开挖深度变化曲线　　图 3-4　土体竖向位移随开挖深度变化曲线

对比分析图 3-3 和图 3-4 可知，随着开挖深度的增大，支护侧土体的水平位移和竖向位移均有增大的趋势，土体的水平位移和竖向位移随着深度的增大逐渐减小，支护侧上部土体的位移变化量明显大于基坑下部土体的位移变化量，因此，在基坑工程中要着重控制基坑上部土体的位移变化。当基坑开挖完成以后，对比分析各个测点的水平位移值和竖向位移值可知，土体的竖向位移变化大于土体的水平位移变化，基坑开挖对土体的竖向位移变化影响更大。

（2）支护结构水平位移与开挖关系分析

在进行室内试验时，因为试验模型槽的尺寸较小，且支护结构底部垫层的厚度较小，支护结构在竖向方向的沉降变形可以忽略不计，因此，在试验的过程中，只测量支护结构水平方向的位移变化。支护结构的水平位移变化由水平位移传感器测量。在支护结构长度方向的中点处，沿着高度方向设置五个测点，分别是支护结构的顶部，距离支护结构顶部 0.35m，距离支护结构顶部 0.7m，距离支护结构顶部 1.05m 和距离支护结构顶部 1.35m 处。支护结构水平位移随开挖深度的变化曲线如图 3-5 所示。

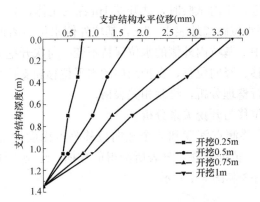

图 3-5　支护结构的水平位移随开挖深度变化曲线

由图 3-5 可知，支护结构位移曲线形状是上大下小，由下至上呈逐渐递增的趋势，在挡土结构底部位移最小，在顶部达其最大值。第一次开挖完毕以后，由于基坑外侧土压力的作用，支护结构向基坑内偏移，各测点的水平位移均有增大的趋势。第二次开挖完毕以后，支护结构的水平位移继续增大，变化趋势与第一次开挖基本相同。第三次开挖完毕以后，即开挖的深度超过支护结构高度的 1/2 时，支护结构的水平位移变化趋势最大。第四次开挖完毕以后，支护结构的水平位移继续增大，但是增长趋势有所减缓。由此可知，基坑开挖对支护结构水平位移影响趋势是先慢后快，当开挖深度超过支护结构高度的 1/2 时，水平位移的变化趋势尤为明显。

（3）支护结构应力与开挖关系分析

通过粘贴在支护结构表面的应变片测量支护结构在开挖过程中的应力情况。

支护结构表面不同位置应力需要将应变片测得的应变值按照材料力学的公式计算求得。在支护结构的顶部、距离支护结构顶部 0.5m 处、距离支护结构顶部 1m 处和距离支护结构顶部 1.3m 处，沿着支护结构长度方向，均匀粘贴 4 个应变片。

在对试验数据进行整理的过程中可以发现，位于同一水平面应变片的读数基本相同，说明在本次模型试验中，基坑的空间效应并不明显，出现此现象的原因一方面是因为模型试验的基坑尺寸较小，开挖深度较浅。另一方面是因为基坑开挖掉的土体为整个横断面，不存在明显的基坑角部，因而接近平面应变问题。因此在绘制曲线的过程中，取同一水平面 4 个应变片读数的平均值，作为支护结构在分层开挖过程中所受到的应力值。支护结构应力随开挖深度变化曲线如图 3-6 所示。

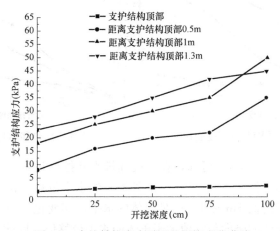

图 3-6   支护结构应力随开挖深度变化曲线

由图 3-6 可知，支护结构各个测点处的应力值均是随着开挖深度的增大而增大。基坑开挖之前，支护结构顶部应力值最小，支护结构底部应力值最大，支护结构各个测点处的应力随着测点深度的增大而增大。这主要是因为基坑开挖之前，支护结构所受的力为静止土压力，土压力随着深度的增大而增大，因此，支护结构的应力随着测点深度的增大而增大。基坑开挖完成以后，距离支护结构顶部 1m 测点处的应力发生突变，大于其他 3 个测点处的应力，这主要是因为，基坑开挖深度为 1m，当基坑开挖完成以后，在基坑底部与支护结构相交处出现应力集中现象，因此，距离支护结构顶部 1m 处的应力值最大。

3.2.3   基坑外侧排水开挖试验成果分析

试验模型箱高度为 1.5m，支护结构高度 1.35m，支护结构深度为 1.35m，在支护结构底部有 0.15m 深度的砂土垫层。共开挖 1m 深的土体，分 4 次开挖，每次开挖25cm。基坑内侧水位距离地表1.05m，基坑外侧水位距离地表0.05m，在每次开挖之前，进行基坑外降水，每次降水高度为25cm，共进行4次基坑外降水。每次开挖完成以后，测量不同深度土体水平位移、竖向位移，支护结构的水平位移和支护结构不同部位的应力。对所测数据进行整理分析，绘制相关表格。

（1）基坑土体位移与开挖关系分析

土体水平位移和竖向位移的测点深度均为距离地表0.2m、0.5m、1m和1.3m，依据位移百分表所测得的数据，绘制图3-7、图3-8。

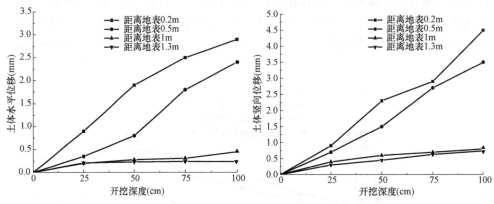

图3-7　土体水平位移随开挖深度变化曲线　　图3-8　土体竖向位移随开挖深度变化曲线

对比分析图3-7、图3-8可知，在基坑外排水开挖的过程中，随着基坑开挖深度的增大，距离开挖面0.2m和0.5m处土体的水平位移变化和竖向位移变化均较突出，距离开挖面1m和1.3m处土体的水平位移变化和竖向位移变化均较小。同一测点处土体的竖向位移值大于土体的水平位移值，因此，要着重控制基坑上部土体的竖向位移变化。

（2）支护结构水平位移与开挖关系分析

分层开挖过程中，支护结构的位移变化同样是由位移传感器测量，在支护结构长度方向的中点处，沿着深度方向设置5个测点，分别是支护结构的顶部，距离支护结构顶部0.35m，距离支护结构顶部0.7m，距离支护结构顶部1.05m和距离支护结构顶部1.35m处，分层开挖过程中，支护结构位移变化曲线如图3-9所示。

由图3-9可知，支护结构的水平位移随着开挖深度的增大而增大，支护结构顶部位移最大，底部的位移最小，位移曲线的形状均是上大下小，第一次开挖完毕以后，由于基坑外侧土压力的原因，支护结构向基坑内偏移，各测点的水平位移均有增大的趋势。第二次开挖完毕以后，支护结构水平位移继续增大。第三次开挖完毕以后，即开挖深度超过支护结构高度的1/2时，支护结构的水平位移变

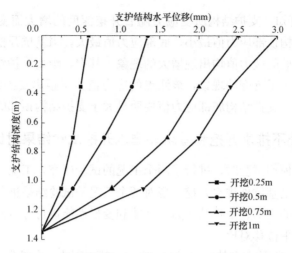

图 3-9　支护结构的水平位移随开挖深度变化曲线

化趋势最大。第四次开挖完毕以后，支护结构的水平位移继续增大，但是增长趋势有所减缓。由此可知，开挖深度对支护结构位移变化的影响趋势是先慢后快，当开挖深度超过支护结构高度的 1/2 时，位移变化趋势尤为明显。

（3）支护结构应力与开挖关系分析

在基坑外排水开挖的过程中，需要分析支护结构的应力变化。试验的过程中，在支护结构的顶部、距离支护结构顶部 0.5m 处、距离支护结构顶部 1m 处和支护结构底部，沿着支护结构长度方向，均匀粘贴 4 个应变片，将试验数据进行对比分析时发现，在分层开挖的过程中，同一高度处的 4 个应变片测量数据相差不大，因此取 4 个应变片的平均值作为支护结构在某个高度的应变值，用材料力学公式算出应力值，支护结构的应力曲线变化值如图 3-10 所示。

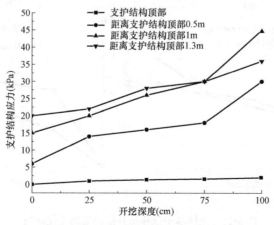

图 3-10　支护结构应力随开挖深度变化曲线

由图 3-10 可知，支护结构所受应力随着开挖深度的增大而变大，在基坑开挖之前，支护结构顶部应力值最小，底部应力值最大，当基坑开挖完成以后，支护结构各个测点处的应力值均出现增大的现象。其中，距离支护结构顶部 1m 测点处的应力值发生了突变的现象，该测点的应力值大于距离支护结构顶部 1.3m 测点处的应力值，支护结构底部应力值要明显大于支护结构顶部的应力值。

3.2.4　基坑外不排水开挖和基坑外排水开挖试验结果对比

在进行室内模型试验时，进行了两个工况的试验研究，工况一是基坑外不排水开挖，工况二是基坑外排水开挖，现对两个工况的试验结果进行对比分析，对两种工况下土体的变形、支护结构力学性能和变形性能进行分析研究。

（1）土体水平位移对比

两种工况情况下，土体水平位移测点位置相同，均是距离地表 0.2m、0.5m、1m 和 1.35m。对两种工况下不同测点位置处土体的水平位移进行对比分析，如图 3-11 所示。

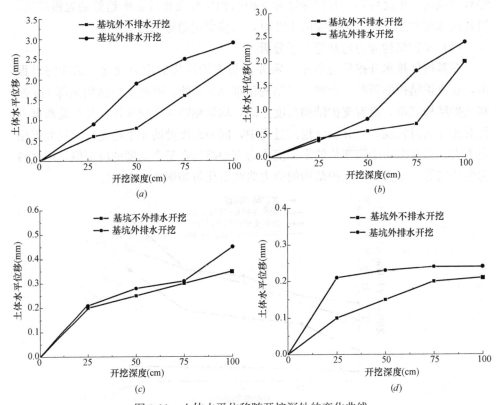

图 3-11　土体水平位移随开挖深处的变化曲线

（a）距离地表 0.2m；（b）距离地表 0.5m；（c）距离地表 1.0m；（d）距离地表 1.3m

由图 3-11 可知,随着开挖深度的增大,工况一和工况二各测点的水平位移均有增大的趋势。当开挖深度相同时,基坑外排水开挖工况下土体的水平位移要大于基坑不排水开挖工况下土体的水平位移,这主要是因为,支护结构外侧水位降低时,土体的孔隙水压力减小,有效应力增大,土体发生了固结变形,因此,基坑外侧水位降低时,土体的水平位移变化较大。当基坑开挖完成后,两种工况下同一测点处的水平位移差值,随着测点深度的增大而逐渐地减小。从测试数据来看,基坑外不排水开挖时土体的水平位移最大值为 2.4mm,基坑外排水开挖时土体的水平位移最大值为 2.9mm,基坑外不排水开挖较基坑外排水开挖,土体水平位移减少了约 20.3%。

(2)支护结构水平位移对比

两种工况下,支护结构水平位移测点位置相同,均是沿着深度方向设置五个测点,分别是支护结构的顶部,距离支护结构顶部 0.35m,距离支护结构顶部 0.7m,距离支护结构顶部 1.05m 和距离支护结构顶部 1.35m 处,当基坑开挖完成以后,对两种工况下支护结构的最终水平位移进行对比分析。支护结构水平位移数据对比分析如图 3-12 所示。

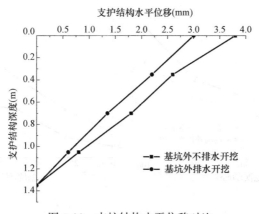

图 3-12 支护结构水平位移对比

由图 3-12 可知,基坑外不排水开挖支护结构的水平位移较大,基坑外排水开挖支护结构的水平位移较小。基坑外不排水开挖时,在基坑开挖的过程中,基坑外侧水位保持不变,支护结构将承受水土共同压力的作用。基坑外排水开挖时,随着开挖深度的增大,基坑外侧的水压降低,支护结构所受的水压力减小,因此,基坑外排水开挖时,支护结构的水平位移较小。两种工况下,支护结构的水平位移随着支护结构的深度增大而减小,支护结构顶部位移最大,底部位移最小。从测试数据来看,基坑外不排水开挖时支护结构水平位移最大值为 3.6mm,基坑外排水开挖时支护结构的水平位移最大值为 3mm,基坑外不排水开挖较基坑外排水开挖，支护结构水平位移增大约20.3%。

（3）支护结构应力对比

两种工况下，支护结构应力测点位置相同，均是测量两种工况下支护结构顶部、距离支护结构顶部0.5m、距离支护结构顶部1m和距离支护结构顶部1.3m处的应力，两种工况下支护结构的应力对比，如图3-13所示。

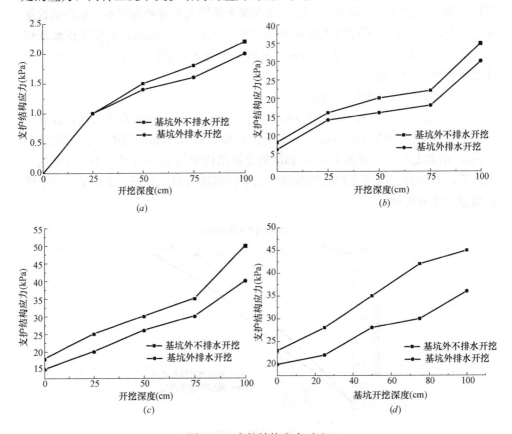

图3-13　支护结构应力对比

（a）顶部；（b）距离顶部0.5m；（c）距离顶部1m；（d）距离顶部1.3m

由图3-13可知，随着开挖深度增大，支护结构各个测点处的应力均有增大的趋势，基坑外不排水工况支护结构各个测点的应力值始终大于基坑外排水开挖支护结构的应力值。基坑外不排水开挖时，支护结构承受水土共同应力的作用，基坑外排水开挖时，支护结构只承受土的侧向压力作用，因此，基坑外不排水开挖时支护结构应力更大。从测试数据来看，基坑外不排水开挖时支护结构应力最大值为50kPa，基坑外排水开挖时支护结构最大应力值为40kPa，基坑外不排水开挖较基坑外排水开挖，支护结构水平位移增大约25%。

3.3 防渗水基坑支护结构性能仿真分析

3.3.1 基坑外不排水开挖试验结果与仿真结果对比分析

依据基坑外不排水开挖室内试验模型，建立有限元分析模型，每次开挖 25cm 深的土体，开挖 4 次，共开挖 1m。在分层开挖的过程中，基坑内外侧的水位保持不变，基坑内侧的水位距离地表 1.05m，基坑外侧水位距离地表 0.05m。在基坑开挖完毕以后，提取与支护相同测点处支护结构水平位移值、应力值以及不同深度土体水平位移值和竖向位移值，并将试验结果与模拟结果进行对比分析。

（1）土体水平位移对比分析

1）土体水平位移云图

分层开挖过程中，土体水平位移云图如图 3-14 所示。

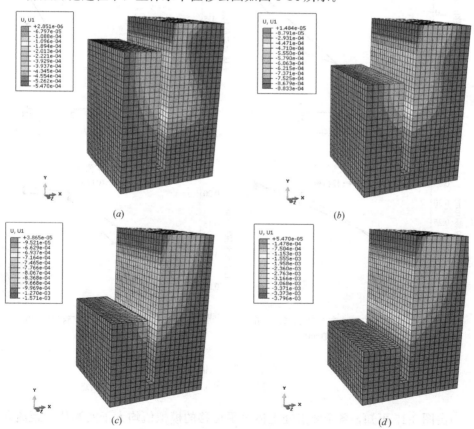

图 3-14 分层开挖过程土体水平位移云图

（a）开挖一层（25cm）；（b）开挖二层（50cm）；（c）开挖三层（75cm）；（d）开挖四层（100cm）

由图 3-14 可知，土体的水平位移随着开挖深度的增大而增大，随着基坑深度的增大逐渐减小，地表土体的水平位移最大，基坑底部的水平位移最小。如图 3-14（a）～图 3-14（c）所示，随着开挖深度的增大，土体的变形影响范围也逐渐扩大，靠近基坑侧壁的土体位移变化较大，远离基坑边缘的土体位移变化较小，位移云图变化趋势与实际相符。

2）土体水平位移实测值与模拟值对比分析

在进行室内模型试验时，通过水平位移传感器测量距离开挖面 0.2m、0.5m、1m 和 1.3m 处土体在分层开挖过程中的水平位移变化。因此，在验证模型正确性时，提取与室内模型相同测点处土体水平位移仿真结果，将同一测点处的仿真结果与模拟结果进行对比分析，各测点水平位移对比分析如图 3-15 所示。

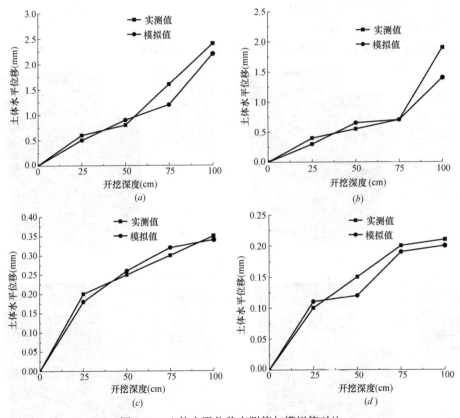

图 3-15　土体水平位移实测值与模拟值对比

（a）0.2m 测点处；（b）0.5m 测点处；（c）0.75m 测点处；（d）1m 测点处

由图 3-15 可知，各个测点处土体水平位移的模拟值均大于实测值。距离开挖面 0.2m 测点处的土体与距离开挖面 0.5m 处测点的土体水平位移的实测值与模拟值相差较大，距离开挖面 0.75m 测点处的土体与距离开挖面 1m 测点处土体水平位移的实测值与模拟值相差较小。进行有限元模拟时，基坑外侧的水位可以保持不变，但是在进行室内模型试验时，由于试验模型槽做不到绝对的密封，试验模型槽内的水会渗流到试验槽外侧，试验槽内的水位下降，土体孔隙水压力减小，有效应力增大，土体的变形也会相应地增大。因此同一测点处土体水平位移的实测值大于模型计算的计算值。由图 3-15（a）～图 3-15（d）可知，实测的水平位移变化趋势和模型计算的土体水平位移变化趋势基本相同，模型计算的水平位移值虽然有一定的误差，但是位移变化趋势比较合理。

（2）支护结构的水平位移对比分析

1）支护结构水平位移云图

分层开挖过程中，支护结构水平位移云图如图 3-16 所示。

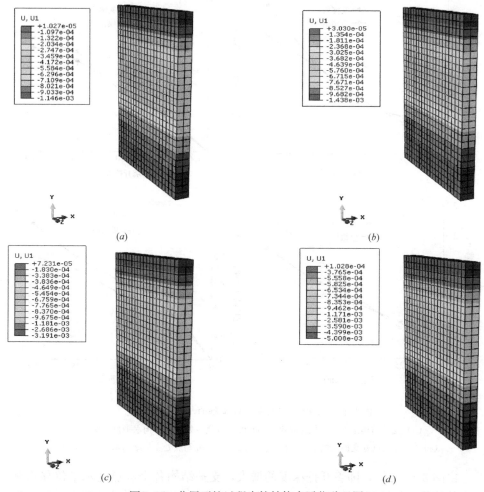

图 3-16　分层开挖过程支护结构水平位移云图

（a）开挖一层（25cm）；（b）开挖二层（50cm）；（c）开挖三层（75cm）；（d）开挖四层（100cm）

　　如图 3-16 所示，支护结构的水平位移随着开挖深度的增大而增大，支护结构顶部位移最大，底部位移最小，支护结构的水平位移由桩顶至桩底逐渐的减小。支护结构水平位移变化趋势与实际相符。

　　2）支护结构水平位移实测值与模拟值对比分析

　　在进行室内模型试验时，支护结构的水平变化由水平位移传感器测量。在支护结构长度方向中点处，沿着深度方向设置 5 个测点，分别是支护结构的顶部，距离支护结构顶部 0.35m、0.7m、1.05m 和 1.35m 处。结合实测成果与支护结构位移云图可知，支护结构底部位置在分层开挖的过程中。支护结构水平位移对比分析如图 3-17 所示。

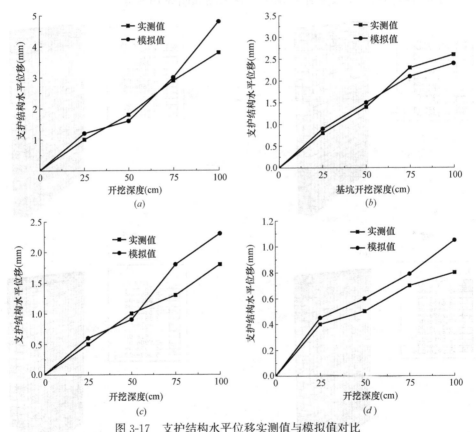

图 3-17　支护结构水平位移实测值与模拟值对比

（a）支护结构顶部水平位移对比；（b）0.35m 测点处支护结构水平位移对比；

（c）0.7m 测点处支护结构水平位移对比；（d）1.05m 测点处支护结构水平位移对比

　　由图 3-17 可知，随着开挖深度的增大，支护结构各个测点处水平位移均有增大的趋势，基坑开挖完成以后，实测支护结构的水平位移值小于模型计算支护结构的水平位移值。出现此差异的原因是进行有限元模型计算时支护结构受到水土压力共同的作用，而在室内模型试验时，由于试验条件的限制，试验模型箱做不到绝对的密封，试验槽内会有部分的水渗流到基坑外侧，支护结构所受的土压力也会因此而减小，实测支护水平位移也会有所减小。试验值与模拟值变化趋势基本相同，模型计算支护结构水平位移值比较合理。

3.3.2　基坑外排水开挖试验结果与仿真结果对比分析

依据基坑外排水开挖室内试验模型，建立有限元分析模型，每次开挖 25cm 深的土体，共开挖 4 次，在每次开挖土体之前，进行基坑外降水，共降水 4 次，每次降水 25cm，基坑外降水高度为 1m。在基坑开挖完毕以后，提取与支护结构相同测点处的位移值、应力值以及不同深度土体的水平位移值和竖向位移值，并将试验结果与模拟结果进行对比分析。

（1）土体的水平位移对比分析

1）土体水平位移云图

分层开挖过程中，土体水平位移云图如图 3-18 所示。

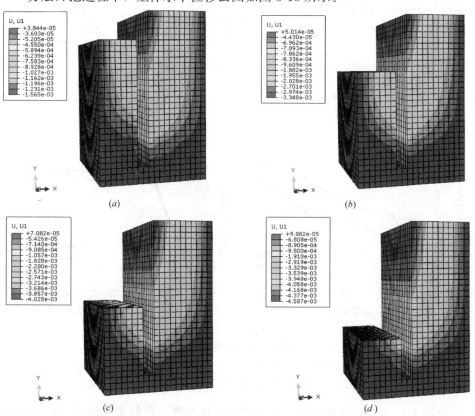

图 3-18　分层开挖过程土体水平位移云图

（a）开挖一层（25cm）；（b）开挖二层（50cm）；（c）开挖三层（75cm）；（d）开挖四层（100cm）

由图 3-18 可知，随着开挖深度的增大，土体的水平位移逐渐增大，土体变形范围也逐渐增大。基坑土体的水平位移随着土体深度的增大逐渐减小，地表土体的水平位移随着距离基坑坑壁距离的增大而逐渐减小。因此，基坑在分层开挖的过程中，对基坑周边地表土体变形影响较大，对基坑底部土体影响较小。

2）土体水平位移实测值与模拟值对比分析

在进行室内模型试验时，通过水平位移传感器测量距离开挖面 0.2m、0.5m、1m 和 1.3m 处土体在分层开挖过程中水平位移变化。因此，在验证模型正确性时，提取与室内模型相同测点处土体水平位移仿真结果，将同一测点处的仿真结果与模拟结果进行对比分析。各测点水平位移对比分析图如图 3-19 所示。

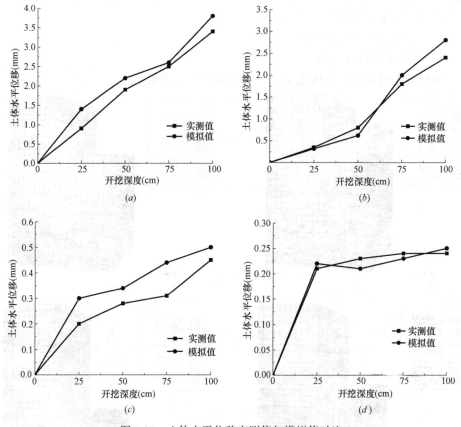

图 3-19　土体水平位移实测值与模拟值对比

(a) 0.2m 测点处土体水平位移对比；(b) 0.5m 测点处土体水平位移对比；

(c) 0.75m 测点处土体水平位移对比；(d) 1m 测点处土体水平位移对比

由图 3-19 可知，随着开挖深度的增大，各个测点处的水平位移值均有增大的趋势。当基坑开挖完毕以后，各个测点处实测土体的水平位移值均小于有限元模型的计算值，原因是在进行室内试验时，通过降低试验槽内水位，模拟基坑外侧水位降低的过程，当水位降低以后，土体中孔隙水压力不能立刻消除，土体还存在一些残余变形。而在仿真模型计算时，由于没有考虑降水以后土体的蠕动变形，即降水开挖完成以后，土体达到稳定的变形状态，因此，模型计算的土体的水平位移值要大。

（2）支护结构的水平位移对比分析

1）支护结构水平位移云图

分层开挖过程中，支护结构水平位移云图如图 3-20 所示。

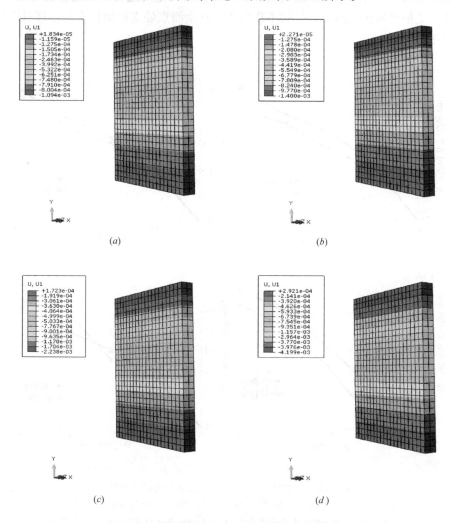

图 3-20 分层开挖过程支护结构水平位移云图

（a）开挖一层（25cm）；（b）开挖二层（50cm）；（c）开挖三层（75cm）；（d）开挖四层（100cm）

由图 3-20 可知，随着开挖深度的增大，支护结构的水平位移逐渐增大，支护结构顶部位移最大，底部位移最小。对于悬臂式支护结构，在基坑开挖过程中，要着重控制支护结构顶部的位移变化。

2）支护结构水平位移实测值与模拟值对比分析

在进行室内模型试验时，支护结构的水平位移变化由水平位移传感器测量。在支护结构长度方向中点处，沿着深度方向设置 5 个测点，分别是支护结构的顶部，距离支护结构顶部 0.35m、0.7m、1.05m 和 1.35m 处。结合试验结果与支护结构位移云图可知，支护结构底部位置在分层开挖的过程中，位移变化很小，因此，支护机构底部测点处位移不作对比，其余测点处支护结构水平位移对比分析如图 3-21 所示。

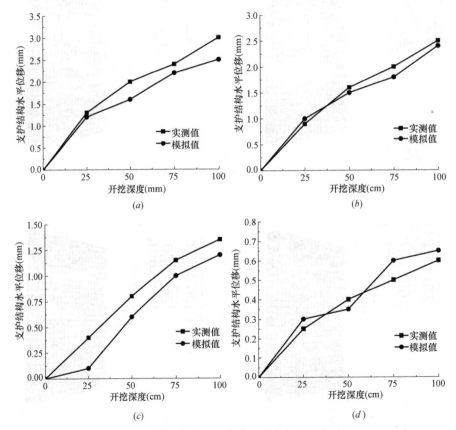

图 3-21　支护结构水平位移实测值与模拟值对比

(a) 支护结构顶部水平位移对比；(b) 0.35m 测点支护结构水平位移对比；

(c) 0.7m 测点处支护结构水平位移对比；(d) 1.05m 测点处支护结构水平位移对比

由图 3-21 可知，随着开挖深度的增大，支护结构各个测点的水平位移均有增大的趋势。就整个开挖过程而言，实测所得的支护结构的水平位移值整体大于模拟计算的水平位移值。出现此差异的原因是，进行仿真模型分析时，基坑内水位降低以后，土体即固结完成，达到稳定的变形状态。而在进行室内模型试验时，试验槽内的水位降低以后，土体没有达到完全的固结状态，土体还残留部分的孔隙水压力，支护结构所受到的侧向压力也变大。因此，实测支护结构的水平位移值大于模型计算的水平位移值。由图 3-21（a）～图 3-21（d）可知，仿真模型计算值与室内模型实测值，变化趋势基本相同，虽然存在一定的误差，但是不影响对支护结构应力变化定性分析。

3.3.3　两种工况仿真结果对比分析

本节依据室内试验模型，建立基坑外排水开挖仿真模型和基坑外不排水开挖仿真模型，对两种工况下支护结构的力学性能、变形性能和土体的变形进行仿真分析，在验证模型合理性以后，对两种开挖工程下仿真结果进行对比分析。

（1）基坑周边土体的竖向位移对比分析

1）基坑周边地表的竖向位移

由图 3-22 可知，基坑外不排水开挖时，垂直基坑坑壁中点方向地表的最大竖向位移为 3mm，当基坑外排水开挖时，垂直基坑坑壁中点方向地表的最大竖向位移为 6.8mm，由此可见，考虑降水时土体的竖向位移要大，且降水作用引起的周围地面竖向位移占总竖向位移的大部分。由图3-22 还可知，降水开挖时，对基坑周边的土体的竖向位移影响程度大于远离基坑的土体。这主要

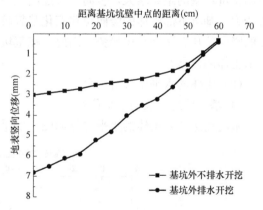

图 3-22　两种工况地表竖向位移对比

是因为，基坑不排水开挖时所产生的竖向位移主要是由基坑分层开挖引起的，由于基坑内的土体被挖除，改变了原有的地应力场，从而使基坑周边的土体发生了竖向的变形。基坑外排水开挖时，地基土体变形一方面是因为基坑开挖而变形，另一方面是因为基坑外侧的水位降低，土体的有效应力增大，发生沉降变形，是两者共同作用的结果。降水作用对基坑周围地表竖向位移影响显著，是一个不可忽略的因素。

2）不同土层的竖向位移

根据室内模型试验，需要分析不同深度处土体的竖向位移变化情况，因为基

坑外排水开挖时，土体的竖向位移变化较大，因此还是以基坑外排水开挖为例，分析不同土层的竖向位移变化。各深度土层的竖向位移如图 3-23 所示。

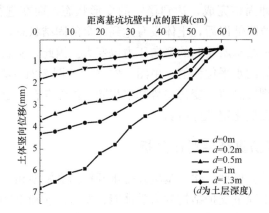

图 3-23　不同深度土层土体竖向位移对比

从图 3-23 可知，不同深度下土层的竖向位移变化趋势基本相同，都是随着距离基坑坑壁的距离增大，竖向位移逐渐减小，基坑上部土体的竖向位移变化趋势较大，基坑下部土体的竖向位移变化趋势较小，随着土层深度的增加，基坑土体的竖向位移有逐渐减小趋势。因此，在基坑进行开挖的过程中要着重控制基坑上部土体的位移。

（2）土体的水平位移对比分析

1）基坑周边地表的水平位移

基坑周边地表土体的水平位移如图 3-24 所示。

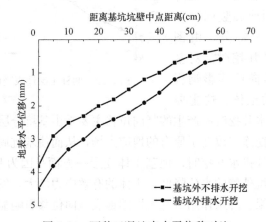

图 3-24　两种工况地表水平位移对比

由图 3-24 可知，基坑外不排水开挖时，垂直基坑坑壁中点方向地表的最大水平位移为 3.8mm，当基坑外排水开挖时，垂直基坑坑壁中点方向地表的最大水平位移为 4.5mm。由此可见，考虑降水开挖时土体的水平位移较大，且降水作用引起的周围地面水平位移占总水平位移的大部分。基坑不排水开挖时，由于基坑内土体被挖除，土体的地应力场改变而使土体产生变形。当基坑进行外排水开挖时，土体不仅因为地应力改变发生变形，还因为基坑外水位降低，土体有效应力变大产生附加变形，因此基坑外排水开挖时土体水平位移变化更大。对比图 3-23 和图 3-24 可知，降水对地表竖向位移的影响大于对地表水平位移的影响。

　　2）不同土层的水平位移

　　根据室内模型试验，需要分析不同深度处土体的水平位移变化情况，因为基坑外排水开挖时，土体的竖向位移变化较明显，因此还是以基坑外排水开挖为例，分析不同土层的水平位移变化。选取的土层分别为距离开挖面 0.2m、0.5m、1m 和 1.3m，各深度土层的水平位移如图 3-25 所示。

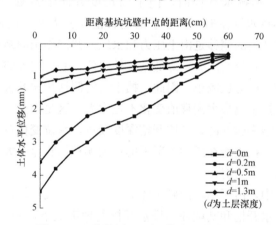

图 3-25　不同深度土层土体水平位移对比

　　从图 3-25 可知，不同深度处土层的水平位移变化趋势基本相同，都是随着距离基坑坑壁的距离增大，水平位移逐渐减小，基坑上部土体的水平位移变化趋势较大，基坑下部土体的水平位移变化趋势较小。$d=1m$ 处土层的水平位移变化趋势与 $d=1.3m$ 处的水平位移变化趋势基本相同，并且两者的位移相差不大，随着土层深度的增加，基坑土体的水平位移有逐渐减小趋势。因此，在基坑进行开挖的过程中要着重控制基坑上部土体的位移。

　　（3）支护结构水平位移对比分析

　　基坑开挖过程中，由于基坑内侧土体的开挖卸荷作用，会导致围护结构在两侧土压力和水压力差的作用下发生侧向位移。基坑外排水开挖和基坑外不排水开挖两种工况下，基坑开挖完成以后，支护结构水平位移如图 3-26 所示。

　　由图 3-26 可知，基坑外排水开挖时，挡土墙长度方向中点处的侧移最大值

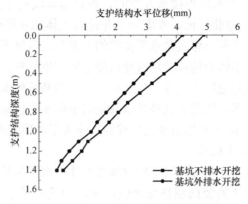

图 3-26　两种工况支护结构水平位移对比

为 4.2mm，基坑外不排水开挖时，挡土墙长度方向中点处的侧移最大值为 4.9mm，基坑外不排水开挖时，挡土墙的侧移值要稍大些，这是因为基坑外不排水开挖时，支护结构的侧移是由土压力和水压力共同作用的结果，进行基坑外排水开挖时，在基坑开挖的同时，降低基坑外水位，基坑内外的水头差减小，作用在支护结构上的水压力也减小，因此，挡土墙的侧移相比基坑外不排水开挖要大。但是两种工况挡土墙最大侧移值变化不是太大，这是因为有限元模型的建立是依据室内试验模型来建立的，基坑开挖深度较浅，水位变化较小，基坑的空间效应不明显，因此，挡土墙在两种工况下的最大侧移值相差不大。

（4）支护结构的应力对比

基坑开挖过程中，由于基坑内侧土体的开挖卸荷，支护结构所受的应力会发生变化。基坑外排水开挖和基坑外不排水开挖两种工况下，基坑开挖完成以后，支护结构的应力对比分析如图 3-27 所示。

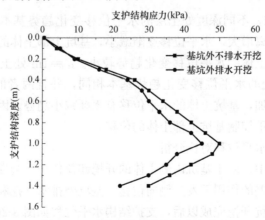

图 3-27　两种工况支护结构应力对比

由图 3-27 可知，基坑外不排水开挖时支护结构应力的最大值为 50kPa，基坑外排水开挖时支护结构的应力最大值为 45kPa，基坑外不排水开挖时支护结构的应力最大值要大，这是因为基坑在进行外排水开挖时，分层开挖基坑土体的同时降低基坑外水位，基坑内外水头差较小，作用在支护结构的应力也会减小。基坑外不排水开挖时，基坑内外水头差保持不变，水压力不变。因此，基坑外不排水开挖时支护结构的应力要大。由图 3-27 还可知，两种工况的应力最大值均是在 1m 深的挡土墙处，即基坑的底部，这是因为在基坑底部容易出现应力集中现象。因此，在基坑开挖的过程中，要着重控制挡土墙与基坑底部接触处的应力。

3.3.4　不同因素对支护结构性能与土体变形的影响分析

基于有限元模型分析结果，构建水头差与结构力学及变形性能影响的判断矩阵，如表 3.2 所示。

判断矩阵　　　　　　　　　　　　　　　表 3.2

水头差	力学性能	变形性能
力学性能	1	1
变形性能	1	1

基于有限元模型分析结果，构建支护刚度与结构力学及变形性能影响的判断矩阵，如表 3.3 所示。

判断矩阵　　　　　　　　　　　　　　　表 3.3

支护刚度	力学性能	变形性能
力学性能	1	1/6
变形性能	6	1

基于有限元模型分析结果，构建墙背土性与结构力学及变形性能影响的判断矩阵，如表 3.4 所示。

判断矩阵　　　　　　　　　　　　　　　表 3.4

墙背土性	力学性能	变形性能
力学性能	1	4
变形性能	4	1

基于有限元模型分析结果，构建结构高度与结构力学及变形性能影响的判断矩阵，如表 3.5 所示。

判断矩阵 表3.5

支护结构高度	力学性能	变形性能
力学性能	1	3
变形性能	1/3	1

经计算得，力学性能与变形性能在结构受力中的影响权重，如表3.6所示。

主要影响性能权重 表3.6

主要影响性能	权重
力学性能	0.5045
变形性能	0.4955

经计算得，各个因素对结构力学和变形性能的影响权重，如表3.7所示。

主要影响因素权重表 表3.7

主要影响因素	水头差	支护结构刚度	墙背土性	支护结构高度
权重	0.0485	0.3930	0.1046	0.4539

从表3.6可知，结构的力学性能对比变形性能在使用性能的影响上稍占优势，因此在结构设计时，应主要考虑结构力学性能，但是也需要考虑结构变形性能的影响。

从表3.7可知，支护结构高度的权重为0.4539，属于各个因素中权重最大值，说明支护结构高度为影响支护结构性能最大的因素；支护结构刚度的权重为0.3930，仅次于支护结构高度，是对支护结构性能影响的次重要因素。墙背土性参数和水头差的权重较小，对支护结构性能影响较小。

3.4 本章小结

基坑开挖过程中，其变形和稳定性与排水条件密切相关，本章借助数值模拟软件和室内试验，对所提出的防渗水基坑支护结构的性能进行了分析研究，得到了以下结论。

（1）针对现有的防渗水基坑支护结构缺点以及基坑降水开挖过程中所诱发的变形问题，提出了一种可形成三维密闭防渗体系、有效隔断地下水渗透路径、减小基坑周边土体变形的防渗水基坑支护结构。

（2）根据所提出的防渗水基坑支护结构，开展室内模型试验，对基坑外不排水开挖和基坑外排水开挖两种工况下，土体变形、支护结构变形和支护结构应力进行测试，从测试结果来看，两种工况下，土体位移、支护结构位移与支护结构应力存在一定的差异。从影响幅度来看，基坑外不排水开挖相对于基坑外排水开挖土体水平位移减小约 20.3%、支护结构的位移增大约 20%、支护结构的应力增加约 25%。

（3）根据设计结构性能仿真分析结果，发现各因素改变都会对支护结构性能和周边土体变形产生影响。从对支护结构性能影响来看，支护结构高度和支护结构刚度对支护结构性能影响较大，水头差和墙背土性对支护结构性能影响较小。从对基坑周边土体变形影响来看，水头差对土体变形影响较大，支护结构高度和支护结构刚度对土体变形影响较小。

第4章 混凝土桩劲芯增长结构设计及性能分析

4.1 混凝土桩劲芯增长结构研究

4.1.1 混凝土桩劲芯增长结构设计

针对城市改造工程中常面临既有围护结构的承载力和稳定性无法满足新结构需求的问题，对需增加开挖深度的基坑工程，为增强既有混凝土灌注桩的承载力，实现节能节材的目的，研究提出了一种既有大直径灌注桩劲芯增长基坑支护结构。

结构主要包括既有大直径灌注桩、异形劲芯增长体、桩底扩大端头；在灌注桩的中心引孔内植入带侧壁凹槽的异形钢管，在异形钢管的中间插有型钢、顶部设置有预留连接孔、底部设置有预制桩尖，在异形钢管的管腔内填充有高强度自密实混凝土，在异形钢管的侧壁凹槽内沿竖向开设有若干个浆液渗透连接孔；在异形钢管的侧壁凹槽内沿竖向铺设有后压浆管，向异形钢管的外侧空隙填充注浆体；在灌注桩的顶部设置有桩顶承台梁，在桩顶承台梁内、灌注桩的两侧对称各设有一个预成孔管，预成孔管的直径大于横向拉结筋的直径，横向拉结筋穿过预成孔管，桩顶承台梁内的承台梁纵筋穿过异形钢管顶部的预留连接孔（图4-1）。

(1) 异形钢管为预制构件，由2～4块圆弧形钢板与同数量的"凵"形钢板沿环向对称焊接而成，其中"凵"形钢板设于相邻圆弧形钢板之间。

(2) 浆液渗透连接孔呈圆形，且在异形钢管的上部较稀疏，下部较密集。

(3) 型钢的高度方向平行于基坑的坑壁方向，在型钢与异形钢管之间沿竖向设置有型钢限位钢板，型钢的底部与预制桩尖的顶部通过预留连接钢板连接。

(4) 预制桩尖呈圆台形，连接钢板的下端焊接在预制桩尖的桩尖顶部中间，在预制桩尖的桩尖顶部一侧焊接有尺寸略大于异形钢管的同形状异形钢管连接段，另一侧焊接有与后压浆管下端连接的桩尖连接管；桩尖连接管下部管段为钢管。

(5) 高强度混凝土采用强度等级不低于 C40 的自密实混凝土，高强度混凝土的浆液通过异形钢管侧壁凹槽上的浆液渗透孔渗入进异形钢管与大直径灌注桩

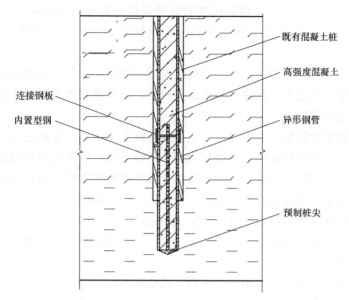

图 4-1　既有大直径灌注桩劲芯增长基坑支护结构示意图

之间的空隙内。后压浆管沿竖向铺设于异形钢管的外侧壁凹槽内，底部与预制桩尖顶部的后压浆管连接管连接，并在后压浆管的底部设置有辅助提升用的牵引绳。

（6）横向拉结筋根据地质情况选用全粘结锚杆或预应力锚杆或预应力锚索。

桩顶承台梁采用钢筋混凝土材料，在横向拉结筋的对应位置埋设预成孔管，预成孔管直径大于横向拉结筋成孔直径。

4.1.2　混凝土桩劲芯增长结构施工过程

（1）钻机就位：根据设计要求，将大直径引孔钻机移至预钻孔的既有灌注桩顶部，并用水平尺校准钻机水平，用经纬仪或全站仪校准钻杆竖直；

（2）钻机引孔：钻机就位稳定后，进行竖向引孔，引孔过程中不断校准钻机的竖直度，钻机循环水的压力不宜过大，循环水采用清水，严格控制泥砂含量；

（3）异形钢管预制：根据设计尺寸要求将相同数量的圆弧形钢板和"凵"形钢板沿环向对称焊接成圆柱形，构成异形钢管；

（4）沉管构件组装：先将型钢与预制桩尖顶部的连接钢板焊接连接；再从型钢的顶部套入异形钢管，并将异形钢管插入预制桩尖顶部的异形钢管连接段内，再焊接牢固；在型钢限位钢板与型钢、异形钢管的相接处采用焊接连接；在异形钢管的外侧凹槽内铺设后压浆管，后压浆管的底部与预制桩尖顶部的连接管连接，后压浆管的底部设有牵引绳；

（5）异形钢管沉管：采用起吊装置将装配好的异形钢管连同预制桩尖、后注浆管一同沉入钻孔内，沉管过程中应确保异形钢管的中心与灌注桩的轴线重合；

（6）高强度混凝土浇筑：异形钢管沉至设计深度后，向异形钢管的管腔内填充高强度自密实混凝土，并进行辅助振捣密实，高强度自密实混凝土浇筑至桩顶承台梁的底面高程处；

（7）后压浆管压浆：高强度自密实混凝土浇筑完成后，先通过后压浆管及桩尖连接管向桩尖底部压浆形成桩底扩大端头；再上拉后压浆管使其与预制桩尖顶部的桩尖连接管断开；同时对异形钢管外侧的所有后压浆管压浆，并匀速提升后压浆管至桩顶承台梁底面高程，形成钢管外侧后注浆体；

（8）既有灌注桩顶部混凝土凿除：待高强度自密实混凝土的强度满足要求后，根据桩顶承台梁的高度，将灌注桩顶部一定高度的混凝土凿除，并露出异形钢管顶部的预留连接孔；

（9）桩顶承台梁施工：将桩顶承台梁的承台梁纵筋穿过预留连接孔并焊接连接，布设箍筋，支设模板，安装预成孔管，并浇筑承台梁的混凝土；

（10）横向拉结筋布设：待混凝土的强度满足设计要求后，按设计要求开挖基坑，开挖深度 1.5m 左右后，利用风钻进行横向引孔；再根据设计要求植入横向拉结筋并进行注浆；

（11）进行后续基坑工程施工。

当引孔深度超过既有灌注桩桩长后，钻机循环水压力根据地层情况适当加大。

当采用作为横向拉结筋的预应力锚杆或墙后土体的强度过低时，可根据需要在预应力锚杆的锚固段内设置水泥土反力段，水泥土反力段通过在基坑外侧土体内钻孔压浆形成，待水泥土强度达到设计要求后再进行横向引孔。

4.1.3 混凝土桩劲芯增长结构特点分析

（1）在既有灌注桩内部引孔植入劲芯异形钢管，在异形钢管内设置一定长度的型钢并灌注高强度混凝土，这样既可发挥既有灌注桩的承载性能，又可提升灌注桩增长后的承载能力，还可节省工程施工造价、缩短工期；

（2）在既有灌注桩身内植入异形钢管的横断面上预设凹槽，不但可以增大异形钢管与内部高强度混凝土的接触面积，而且可以在后注浆后实现异形钢管与既有灌注桩的协同受力；

（3）在桩顶设有承台梁和横向拉结筋，可增强支护结构的整体性、减小横向土压力；在既有灌注桩的底部设置桩底扩大端头，有助于增强桩体的整体性、提高桩体承载能力。

4.2　混凝土桩劲芯增长结构室内试验研究

4.2.1　试验步骤

　　根据结构设计内容对结构进行适当简化后制作了试验模型，为了观察结构的竖向和横向承载性能并得到最优增长比等设计参数，开展了室内结构模型试验。劲芯增长结构是桩基础结构，与周围土体共同作用发挥效果，因此，本节的结构模型试验采用《建筑基桩检测技术规范》JGJ 106—2014 中单桩载荷试验的方法进行，试验地点为土工试验室西墙下的空地。试验前在空地开挖不同深度试坑，确保埋桩后试桩顶部露出试坑地面的高度不小于 200mm，用来安置测量位移的百分表和施加横向荷载，试坑中心距墙边的垂直距离为 1m，用来放置千斤顶等横向加载设备。根据《建筑基桩检测技术规范》JGJ 106—2014 中单桩载荷试验的相关规定，试桩间的中心距离不小于 $4d$，因此，埋桩后要保证桩间距大于 $4 \times (150^2 + 150^2)^{1/2} = 848.53$mm（试桩截面为 150mm$\times 150$mm 的正方形），本次试验取 850mm，桩位布置图见图 4-2。

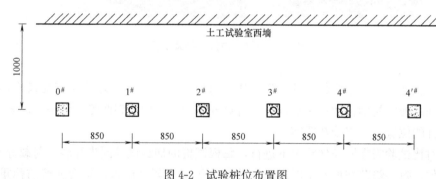

图 4-2　试验桩位布置图

$1 \sim 4^\#$试桩内置钢管尺寸（mm）　　　　　　　　　表 4.1

试桩编号	$1^\#$	$2^\#$	$3^\#$	$4^\#$
钢管尺寸 $D \times t \times l$	$80 \times 4 \times 1000$	$80 \times 4 \times 1100$	$80 \times 4 \times 1200$	$80 \times 4 \times 1300$

　　（1）测点布设

　　桩体竖向位移采用百分表对称布设于桩顶两侧测设，测量横向位移的百分表布设于水平力作用面以上 5cm。应变测点沿桩体四面的不同深度布设，增长部分钢管的不同方向及深度也粘贴有应变测量元件。

（2）单桩竖向抗压静载试验

试验前在制作好的试桩指定部位粘贴应变片，试桩埋设完成后将桩土的空隙填满并压实，确保桩身间距和垂直度以及露出高度满足要求后固定型钢架，并将承载钢板固定在试桩桩顶，整理好应变片导线后对场地采取适当的遮挡措施，等待稳定15d之后进行加载试验，见图4-3。

图 4-3   单桩竖向抗压静载试验

试验加载前应做好相应的准备工作：将应变片导线标记好后与应变仪相连，记录加载前的初始读数；用磁性表座将百分表固定于型钢架两侧，调整好仪表和测量杆的位置，并将读数置零。

对比试验需在同条件状况下进行，每根试桩的加载试验同步开展，荷载分十级施加，每一级荷载取9个混凝土试块，为了减小累计误差，每次加载前称重。试验的加载方式为快速维持荷载法，即每隔一小时加一级荷载。每级加载后，按 30min、60min 测读桩顶沉降量和桩身应变值。

某级荷载作用下，桩顶沉降量大于前一级荷载作用下沉降量的5倍，且桩顶总沉降量超过40mm，终止该试桩的加载试验，记录桩顶位移和桩身应变值的最终读数。

（3）单桩水平静载试验

竖向抗压静载试验完成后将试桩挖出，重新在桩身指定部位粘贴应变片再将试桩埋入指定试坑内，试桩埋设完成后将桩土的空隙填满并压实，确保桩身间距和垂直度以及露出高度满足要求后固定型钢架，整理好应变片导线后对场地采取适当的遮挡措施，等待稳定15d之后进行试验加载，见图4-4。

试验加载前应做好相应的准备工作：将应变片导线标记好后与应变仪相连，记录加载前的初始读数；安置好横向加载设备，使水平力作用线通过桩顶以下10cm 处；用磁性表座将百分表固定于型钢架上，调整好仪表和测量杆的位置，并将读数置零。

对比试验需在同条件状况下进行，每根试桩的加载试验同步开展。横向加载设备为RSC-1050 型 10t 油压千斤顶，荷载施加采用慢速维持加载法：荷载持续缓慢的施加，加载增量为 0.05MPa/min，每分钟记录桩顶水平位移和桩身应变值。

当加载至桩顶水平位移超过 40mm 时，终止该试桩的加载试验，记录水平位移和桩身应变的最终读数。

（4）试验数据采集

用于竖向加载的混凝土试块，每级加载前统一称重，精确至 0.01kg；横向加载千斤顶的表盘读数精确至 0.01MPa，加载时确保荷载稳定，卸载时保证荷载为零，在规定时间记录数值。

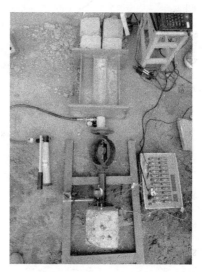

图 4-4　单桩水平静载试验

测量桩体竖向及横向位移的百分表读数精确至 0.01mm，试验前将读数置零，量测的时间间隔要严格准确，当某级荷载施加前，位移值快要超过仪表量程时，要及时调整百分表位置并将读数置零，位移值与上级荷载的位移值叠加记录。

桩身应变设置采样时间间隔和采样次数，系统将根据要求自动采样，在加载前记录初始读数，采样时间与位移值读取时间相一致。

4.2.2　混凝土桩劲芯增长结构模型试验结果分析

利用室内模型试验所采集到的数据，对劲芯后不同增长长度的桩及非劲芯桩的试验结果进行对比分析，研究不同试桩在竖向和水平荷载作用下的位移、桩身轴力、桩侧摩阻力及桩身弯矩的变化规律。

（1）单桩竖向抗压承载力

单桩竖向抗压静载试验分十级加载，每隔一小时加一级荷载（kN），每级加载后，按 30min、60min，测读桩顶沉降量（mm），根据单桩竖向抗压静载试验结果，将数据整理后绘制出每根试桩的 Q-s 曲线，如图 4-5 所示。

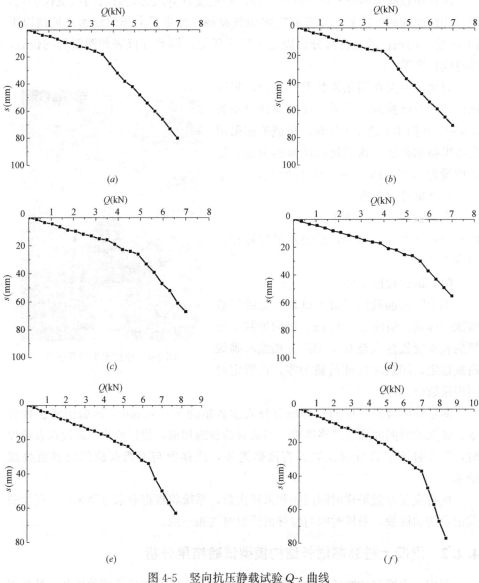

图 4-5　竖向抗压静载试验 Q-s 曲线

（a）0#桩；（b）1#桩；（c）2#桩；（d）3#桩；（e）4#桩；（f）4′#桩

从上图可以看出,在承受不同的竖向荷载下,每根试桩的荷载-位移曲线都有较明显的拐点,取其发生陡降的起始点对应的荷载值,即为单桩竖向抗压极限承载力。

由图 4-5 和图 4-6 可知,各试桩的总沉降量都超过了 40mm,沉降曲线具有拐点,拐点过后发生了明显陡降。这表明荷载较小时,地基表现出弹性变形的特性,当荷载较大时,其沉降随所加荷载表现出较快的变化,且沉降量的增大速率

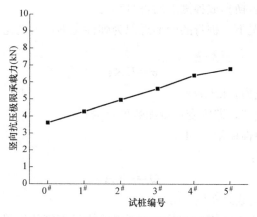

图 4-6 各试桩竖向抗压极限承载力

随荷载的增大不断变大。根据《建筑基桩检测技术规范》JGJ 106—2014 对于陡降型 Q-s 曲线，取其发生明显陡降的起始点对应的荷载值作为竖向抗压极限承载力。其中 0# 桩和 1～4# 桩的竖向抗压极限承载力呈线性增长趋势，分别为 3.61kN、4.27kN、4.96kN、5.62kN、6.40kN。这说明，不同增长长度对桩体的承载能力有一定影响，且随着桩长的增长，承载能力也相应地提高了。

相对于 0# 桩（既有桩体模型），增长段长度为原桩长 25.0%（1# 桩）、37.5%（2# 桩）、50%（3# 桩）、62.5%（4# 桩）的试桩竖向极限承载力分别提高了 18.3%、37.4%、55.7%、77.3%。可见，桩体增长对竖向承载性能的提升很明显，并且承载力的提高趋势要高过桩体的增长趋势。由此可知，增长后的竖向抗压极限承载力比未增长要高，且随着增长比例的提高而提高，不会出现递减。

对于 4# 桩及其对比模型 4'# 桩，虽然桩长相同，但后者的竖向抗压极限承载力要高于前者，这是合理的。由图 4-5 知，在荷载增大的情况下 4# 桩及 4'# 桩的竖向位移都发生了明显陡降，而且没有稳定的趋势，在这种情况下，桩侧摩阻力比起桩端阻力更多的平衡了桩顶压力。在相同的材料情况下，接触面积越大摩阻力越大，4'# 桩的桩侧摩擦面积比 4# 桩要大：

$$\Delta A = [4 \times 150 \times 1300 - (4 \times 150 \times 800 + \pi 80 \times 500)]/$$
$$(4 \times 150 \times 800 + \pi 80 \times 500) = 28.8\%$$

而其承载力较 4# 桩只提高了 6.3%，这说明劲芯增长桩虽下部有颈缩段造成桩侧摩擦面积减小，影响了竖向抗压承载性能的发挥，但比起常规桩体结构并不明显，说明结构异型设计是合理的。

（2）竖向荷载作用下桩身轴力分析

本次模型试验通过在桩身粘贴应变片来测量竖向载荷试验过程中桩身不同位

置的应力变化，然后换算成各测点的桩身轴力。

在较小荷载情况下，桩身的变形近似为弹性变形，由虎克定律可知，桩身应力为：

$$\sigma = E \times \varepsilon \qquad (4-1)$$

式中 σ——桩身应力，kPa；

ε——桩身应变，即应变片量测数值，$\mu\varepsilon$；

E——桩身弹性模量，GPa。

桩身轴力 Q 为：

$$Q = \sigma \times A \qquad (4-2)$$

式中 A——桩身横截面面积，m^2。

由于 $1 \sim 4^{\#}$ 桩为变截面桩，并且需要考虑内插钢管的作用，在计算抗压刚度时按 CECS 28：90[57] 中钢管混凝土组合结构的计算方法进行：

$$EA = E_s A_s + E_c A_c \qquad (4-3)$$

式中 A_s、A_c——钢管和混凝土的截面面积，m^2；

E_s、E_c——钢管和混凝土的弹性模量，GPa。

因此，要对 $1 \sim 4^{\#}$ 桩不同深度测点的轴力值区分计算：

(1) $B \sim D$ 段：

$$\begin{aligned}Q_{B \sim D} &= \varepsilon \times E \times A = \varepsilon(E_s A_s + E_c A_c) \\ &= \varepsilon(30\text{GPa} \times 0.15\text{m} \times 0.15\text{m} + 210\text{GPa} \times \pi \times 0.08\text{m} \times 0.004\text{m})\end{aligned}$$

(2) $D \sim E$ 段：

$$Q_{D \sim E} = \varepsilon(30\text{GPa} \times \pi \times 0.04\text{m} \times 0.04\text{m} + 210\text{GPa} \times 0.08\text{m} \times 0.004\text{m})$$

对于 $0^{\#}$ 及 $4'^{\#}$ 桩体，并没有截面变化和劲芯钢管的存在，所以轴力统一按 $Q = \varepsilon \times 30\text{GPa} \times 0.15\text{m} \times 0.15\text{m}$ 计算。

由于不同加载过程中采集到的应变值数据较多，为了便于对各试桩不同深度处的轴力值进行直观的对比分析，这里取图 4-6 中沉降发生明显陡降的起始点对应的加载阶段的应变值，整理后带入上述公式求得各试桩达到竖向极限承载力情况下桩身不同深度处的轴力值，并绘制出各试桩桩身轴力随深度的变化曲线如图 4-7 所示。曲线在不同深度的取值点对应于各试桩的监测点，即 B（地面标高）、C（地面以下 0.3m）、D（地面以下 0.6m）、E（增长段中间点）。

由下图可知，各试桩的桩身轴力都沿深度方向逐渐减小，这说明桩顶荷载向下传递的过程中，桩身侧摩阻力发挥了作用。由于各曲线所取的数值对应于每根试桩达到竖向极限承载力时的桩身轴力，由前述分析知，$0 \sim 4'^{\#}$ 桩的竖向极限承载力依次增大，因此，不同深度的轴力也应当依次增大，这里 $1 \sim 4^{\#}$ 桩及 $4'^{\#}$ 桩呈现出了这样的规律，但 $0^{\#}$ 桩即既有桩模型的轴力却近似于 $2^{\#}$ 桩的上部轴

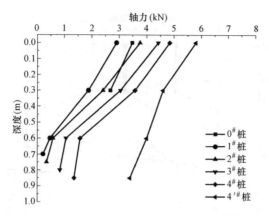

图 4-7　各试桩桩身轴力随深度变化曲线

力。这是因为 $0^{\#}$ 桩的长度要小于其他试桩，相对的摩擦面积也最小，侧摩阻力的发挥受限，即使在承受较小的桩顶压力时，也要通过桩体自身传递大量荷载，故而轴力较大。

$1 \sim 4^{\#}$ 桩的轴力沿深度的变化趋势基本相同，不同深度处的差值也近似等于竖向极限承载力的差值，这里不作对比分析。对于 $4^{\#}$ 及 $4'^{\#}$ 试桩，$B \sim C$ 段轴力的变化率近似相同，而在 $C \sim D$ 段劲芯增长桩的轴力发生了明显颈缩，这是由于监测点布设在桩体的既有混凝土外包段，而此时桩芯部位的高强混凝土和内插钢管协同受力，分担了更多荷载，减少了外侧既有桩部分的内力。$D \sim E$ 段 $4^{\#}$ 桩轴力的减小幅度缓于 $4'^{\#}$ 桩，这是因为摩擦面积减小以致摩阻力降低引起的，但在这一深度范围内，劲芯增长桩的轴力已趋于零，对整个桩身轴力的影响很小。

（3）竖向荷载作用下桩侧摩阻力分析

本次试验的桩侧摩阻力通过桩身轴力计算得到，取各监测点间的桩身单元，根据静力平衡原理，桩侧摩阻力可通过下式求得：

$$q_{\mathrm{s}} = (Q_2 - Q_1) / (L_0 \times L_{\mathrm{A}}) \tag{4-4}$$

式中　q_{s}——桩侧摩阻力，kPa；

　　　L_0——桩身单元长度，m；

　　　L_{A}——桩身单元截面周长，m；

Q_1、Q_2——桩身受力单元上、下截面的轴力，kN。

由于 $1 \sim 4^{\#}$ 桩为变截面桩，且增长段监测点位于增长段中间，而非按等长度布设，所以这里在求桩身单元长度和截面周长时要按各监测点的所属区间分别计算。

将图 4-7 得到的轴力值按对应的桩号和测点分别代入式（4-4），便可以得到每根试桩不同深度的平均桩侧摩阻力，如图 4-8 所示。

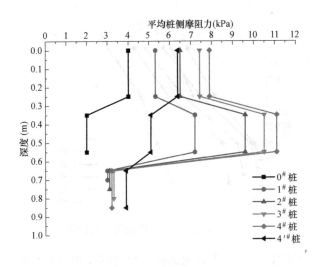

图 4-8   各试桩平均桩侧摩阻力随深度变化曲线

由上图可知，$0^\#$桩及$4^\#$桩的桩侧摩阻力沿深度变化比较平缓，$1\sim4^\#$桩在$C\sim D$段上下都产生了明显的突变。4.2节中已经对不同深度处的桩身轴力分布作了定性分析，考虑到桩侧摩阻力及桩身轴力在桩顶荷载传递过程中的组成关系，$C\sim D$段突然增大是合理的。但是，由于试验测点布设于桩体外侧，并没有考虑到劲芯体及内插钢管的作用，因此，$C\sim D$段的桩侧摩阻力应当包括这两者提供的额外承载力。对于$D\sim E$段，增长桩的摩擦面积减小并没有使摩阻力的发挥受太大影响：$4^\#$桩较$4'^\#$桩的摩擦面积减少了28.8%，但摩阻力仅降低了17.8%。

综上所述，在承受竖向荷载的作用下，劲芯增长桩的竖向抗压极限承载力较既有桩有明显的提升，且随着桩长的增大而增大；对于相同长度的常规混凝土桩，劲芯增长桩虽然由于下部摩擦面积减小限制了桩侧摩阻力的发挥，但承载力并没有受到太大的影响；劲芯增长桩的轴力要比既有桩及常规混凝土桩小，在荷载传递的过程中，桩侧摩阻力和劲芯体以及内插钢管承担了更多的荷载，减少了结构既有桩部分的内力。

（4）单桩水平承载力

单桩水平静载试验采用慢速维持加载，加载增量为 0.05MPa/min 即 0.393kN/min。根据单桩水平静载试验结果，将数据整理后绘制出每组模型的$H_0\text{-}\Delta x_0/\Delta H_0$曲线，如图 4-9 所示。

由上图可以看出，$0^\#$桩的拐点并不明显，且斜率较大，应属于刚性短桩破坏，而$4'^\#$桩具有较明显的拐点，斜率先缓后陡，应属于弹性长桩破坏。对于$1\sim4^\#$桩，在荷载达到水平极限承载力后，位移梯度增长迅速，这是因为劲芯增

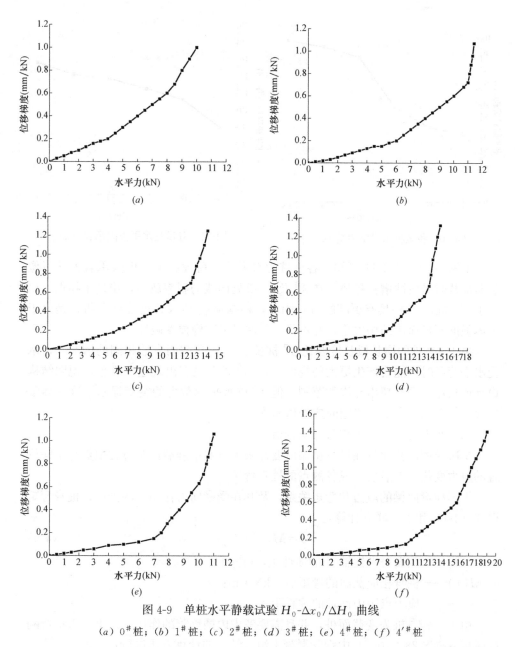

图 4-9   单桩水平静载试验 H_0-Δx_0/ΔH_0 曲线

（a）$0^\#$桩；（b）$1^\#$桩；（c）$2^\#$桩；（d）$3^\#$桩；（e）$4^\#$桩；（f）$4'^\#$桩

长桩的自身刚度远大于桩周土体，在承受较大水平力作用下先发生了土体破坏，进而结构失稳。

取各 H_0-Δx_0/ΔH_0 曲线第一拐点所对应的荷载为该试桩的水平临界荷载 H_{cr}，曲线第二拐点对应的水平荷载值为该试桩的水平极限承载力 H_u。

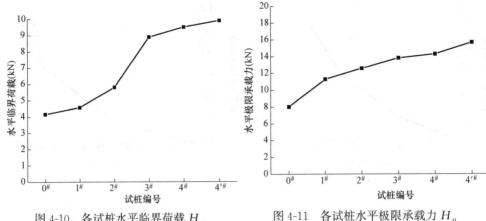

图 4-10 各试桩水平临界荷载 H_{cr} 　　图 4-11 各试桩水平极限承载力 H_u

由图 4-10、图 4-11 可知，各试桩的水平临界荷载和水平极限承载力并不像竖向加载时呈线性增长趋势，在 $3^\#$ 及 $4^\#$ 桩处曲线的斜率放缓，出现了拐点。相对于 $4'^\#$ 桩，$4^\#$ 桩具有更高的自身刚度，根据荷载-位移梯度曲线分析，是由于土体强度不足而使结构失稳，并不像 $4'^\#$ 桩属于结构弹性破坏。

由于 $4^\#$ 桩的增长段长度要比 $3^\#$ 桩长 25%，在截面参数相同的情况下，承受水平荷载时可能会产生更大的挠度，$1\sim3^\#$ 桩并没有出现这一现象，说明结构设计增长比并没有超出允许的范围，但 $4^\#$ 桩水平承载力的突变提示了这一界限的存在，在结构参数的确定时应予以考虑。

（5）水平荷载作用下桩身弯矩分析

本次模型试验通过在桩身粘贴应变片来测量水平静载试验过程中桩身不同位置的应力变化，然后换算成各测点的桩身弯矩。

根据纯弯曲梁的应力和弯矩关系，及其在受横向力作用下的推广，桩身弯矩以式（4-1）和下式联立计算：

$$\sigma = M(x)y/I_z \tag{4-5}$$

式中 I_z——截面对中性轴 Z 的惯性矩，m^4；

$M(x)$——桩身相应截面的弯矩值，$\mathrm{kN \cdot m}$；

y——应力点距中性轴的垂直距离，m。

由于 $1\sim4^\#$ 桩为变截面桩，并且需要考虑内插钢管的作用，这里在求抗弯刚度时按 CECS 28：90[57] 中钢管混凝土组合结构的计算方法进行：

$$EI = E_s I_s + E_c I_c \tag{4-6}$$

式中 I_s、I_c——钢管和混凝土的截面惯性矩，m^4；

E_s、E_c——钢管和混凝土的弹性模量，GPa。

因此，要对 $1\sim4^\#$ 桩不同深度测点的弯矩值区分计算：

① $B \sim D$ 段：

$$M_{B \sim D} = (\varepsilon \times E \times I)/y = \varepsilon (E_s I_s + E_c I_c)$$
$$= \varepsilon \big[(30 \times 0.15^4)/(12 \times 0.075) + (210 \times \pi \times 0.04^3 \times 0.004)/0.075 \big]$$

② $D \sim E$ 段：

$$M_{D \sim E} = \varepsilon \big[(30 \times \pi \times 0.08^4)/64 \times 0.04 + (210 \times \pi \times 0.04^3 \times 0.004)/0.04 \big]$$

对于 $0^{\#}$ 及 $4'^{\#}$ 桩体，并没有截面变化和劲芯钢管的存在，所以弯矩统一按 $M = \varepsilon \times 30 \times 0.15^4/12 \times 0.075$ 计算。

由于不同加载过程中采集到的应变值数据较多，为了便于对各试桩不同深度处的弯矩值进行直观的对比分析，这里取荷载达到水平极限承载力对应的应变值，整理后带入上述公式求得各试桩不同深度处的弯矩值，并绘制出各试桩桩身弯矩随深度的变化曲线如图 4-12 所示。曲线在不同深度的取值点对应于各试桩的监测点，即 B（地面标高）、C（地面以下 0.3m）、D（地面以下 0.6m）、E（增长段中间点）。

从上图可以看出，各试桩的桩身弯矩沿深度方向逐渐减小，在 E 点处都趋向于零，可以认为，桩身 E 点以下部分已嵌固于土体中，不受上部荷载影响。由于各试桩弯矩值对应于荷载加至横向极限承载力的阶段，参照图 4-11 可知，弯矩的大小与极限承载力的高低基本吻合。值得注意的是，$1 \sim 4^{\#}$ 桩的 $B \sim C$ 段弯矩差别较大，其中 $1^{\#}$ 桩与 $4^{\#}$ 桩较接近，而 $2^{\#}$ 桩与 $3^{\#}$ 桩较接近。

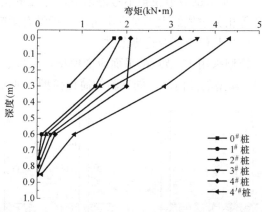

图 4-12　各试桩桩身弯矩随深度变化曲线

原因可以归结为：在黏土等软弱土层中，劲芯增长桩由于自身刚度大，通常因土体发生破坏而失稳，当增长值超过一定界限（既有桩长的 1/2 时），E 点下部土体挤压变形出现松动，以致桩身绕 E 点转动，并且由于自身挠度较大，不具备很强的横向承载能力，同时，结构承受的内力变低，一定程度的限制了劲芯体与钢管的性能发挥。

4.3　混凝土桩劲芯增长结构性能仿真分析

本节根据模型试验的结构和土样参数建立有限元数值仿真模型，分析相同条件下结构的承载性能和变形特性在数值仿真分析中的表现，并将其结果与模型试验的结果进行对比分析，验证结构设计及试验过程的正确性，从而得出最优的设计参数。

4.3.1 仿真模型建立

仿真分析的模型建立参考结构的模型试验，其模型参数与模型试验相一致，同样是采用简化后的结构模型和同类土。

（1）模型的基本假定

1）模型简化为投影在 x-y 平面内的 2D 切面，在 z 方向的宽度为单位宽度（mm）；

2）土体模型采用理想塑性 Mohr-Coulomb 模型，桩身混凝土材料以理想的非多孔线弹性模型定义，钢管则以常规板模型定义；

3）桩土之间设置界面单元，来模拟桩土滑动；而桩和钢管为一整体，它们之间不能有相对位移，因此不设置界面单元；

4）本节的数值模拟不考虑地下水存在的情况，材料参数中饱和密度和渗透系数等相关数值的大小对本次仿真分析没有影响。

（2）几何模型及边界条件

模型采用 15 节点的平面应变模型，长度、力和时间的单位分别为 mm、kN 和 d。模型的几何尺寸同试验的简化模型，如图 4-13 所示。

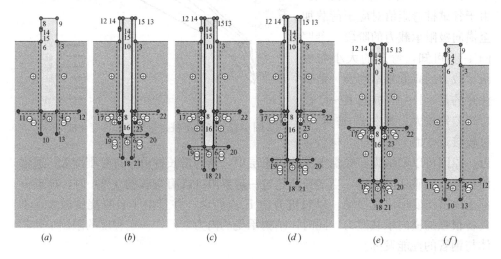

图 4-13　数值模型的几何轮廓

（a）0$^\#$桩；（b）1$^\#$桩；（c）2$^\#$桩；（d）3$^\#$桩；（e）4$^\#$桩；（f）4$'^\#$桩

几何模型边界为标准固定边界，即底部施加完全固定约束，两侧竖直的边界施加滑动约束（$u_x=0$；u_y 自由）。

（3）材料参数

桩周土、桩身混凝土及钢管的材料参数取值与模型试验的试样相同，但需与PLAXIS 中的单位相匹配，经过换算后的数值见表 4.2、表 4.3、表 4.4。

土的材料参数　　　　　　　　　　　　　　　表 4.2

参数	材料模型	材料类型	天然密度 (kN/mm^3)	弹性模量 (kN/mm^2)	泊松比	黏聚力 (kN/mm^2)	内摩擦角 $(°)$
参数值	摩尔-库仑	不排水	$1.91×10^{-8}$	0.016	0.3	$11×10^{-6}$	21

钢管的材料参数　　　　　　　　　　　　　　表 4.3

参数	材料模型	材料类型	抗弯刚度 $(kN·mm^2/mm)$	抗拉压刚度 (kN/mm)	泊松比
参数值	线弹性	板	$1.75×10^4$	2100	0.3

桩身混凝土的材料参数　　　　　　　　　　表 4.4

参数	材料模型	材料类型	天然密度 (kN/mm^3)	弹性模量 (kN/mm^2)	泊松比	界面强度折减
参数值	线弹性	非多孔	$1.91×10^{-8}$	30	0.2	0.67

分析过程中桩身混凝土不考虑自重，其重度与桩周土的取值相同。

（4）网格划分和初始条件

平面有限元网格为 15 节点四阶三角形单元，全局疏密程度为"很细"，网格通过三角形生成器自动生成。

本节的有限元模型不考虑地下水作用，因此，在初始条件中不运行水压模式。构造模式中土体重度总乘子 $\sum M_{weight}=1.0$，k_0 取默认值 $1-\sin\varphi$。生成 $0\sim4'^{\#}$ 桩模型的初始应力场如图 4-14 所示。

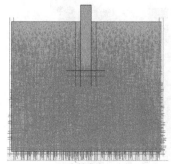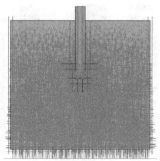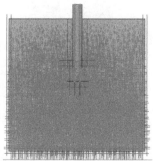

有效应力　　　　　　　　　有效应力　　　　　　　　　有效应力
最大有效主应力 $-34.32×10^{-6} kN/mm^2$　最大有效主应力 $-38.11×10^{-6} kN/mm^2$　最大有效主应力 $-40.04×10^{-6} kN/mm^2$
　　　(a)　　　　　　　　　　　*(b)*　　　　　　　　　　　*(c)*

图 4-14　数值模型的初始应力（一）

(a) $0^{\#}$桩；*(b)* $1^{\#}$桩；*(c)* $2^{\#}$桩

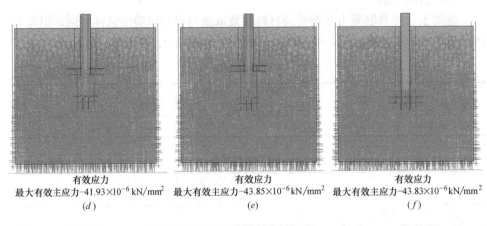

有效应力
最大有效主应力-41.93×10⁻⁶kN/mm²
(d)

有效应力
最大有效主应力-43.85×10⁻⁶kN/mm²
(e)

有效应力
最大有效主应力-43.83×10⁻⁶kN/mm²
(f)

图 4-14　数值模型的初始应力（二）

（d）3$^\#$桩；（e）4$^\#$桩；（f）4'$^\#$桩

从上图可以看出，各组模型的初始应力分布大致相同，最大有效主应力随着桩长的增长而增大，由于不考虑桩身自重，所以这主要与模型尺寸有关。桩体越长，截面面积越大，桩与土的接触面积也就越大，土体的初始应力越大。

（5）测点位置

在仿真分析过程中，需要得到模型的荷载-位移关系及各监测点的应变值，为了可以和模型试验所得到的结果进行对比分析，在桩身对应位置取 $A \sim E$ 点为监测点，见图 4-15 和图 4-16，图 4-15 为荷载-位移节点图，图 4-16 为应力-应变节点图。

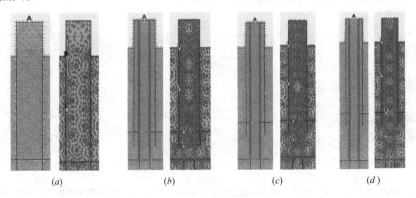

(a)　　　　　　(b)　　　　　　(c)　　　　　　(d)

图 4-15　竖向加载过程监测点布设位置（一）

（a）0$^\#$桩；（b）1$^\#$桩；（c）2$^\#$桩；（d）3$^\#$桩

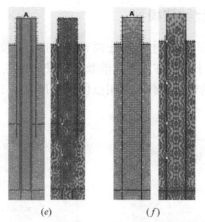

(e)　　　　　　(f)

图 4-15　竖向加载过程监测点布设位置（二）

(e) 4#桩；(f) 4′#桩

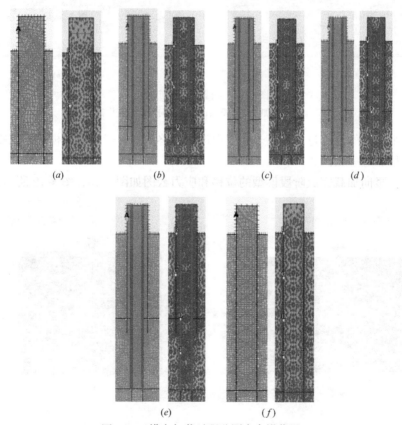

图 4-16　横向加载过程监测点布设位置

(a) 0#桩；(b) 1#桩；(c) 2#桩；(d) 3#桩；(e) 4#桩；(f) 4′#桩

4.3.2 单桩加载过程数值模拟

进行竖向加载过程模拟时，在桩顶部施加指定位移为 $x=0mm$，$y=-40mm$ 的均布荷载，于分步施工计算前激活；横向加载计算时荷载为指定位移 $x=40mm$，$y=0mm$ 的集中荷载，作用点位于桩顶以下 100mm 处，见图 4-17。

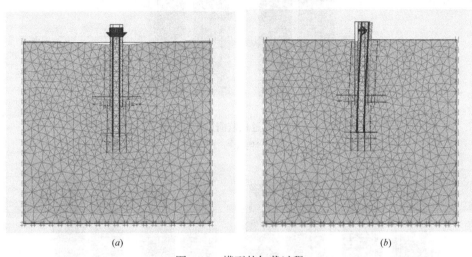

(a)   (b)

图 4-17　模型的加载过程

(a) 竖向加载过程模拟；(b) 横向加载过程模拟

各组模型的计算过程均完全达到预设的最终状态，运行输出模块可以得到模型的位移和应力云图。

（1）竖向加载完成阶段模型的位移和应力云图如图 4-18、图 4-19 所示。

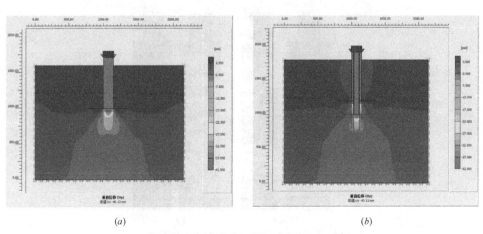

(a)   (b)

图 4-18　竖向加载完成阶段模型的位移云图（一）

(a) 0#桩；(b) 1#桩

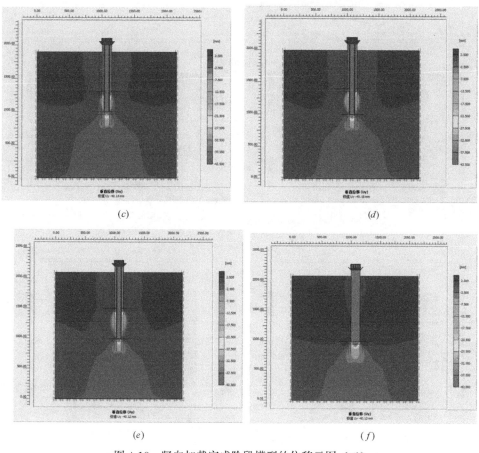

(c)　　　　　　　　　　　　　　(d)

(e)　　　　　　　　　　　　　　(f)

图 4-18　竖向加载完成阶段模型的位移云图（二）

(c) 2#桩；(d) 3#桩；(e) 4#桩；(f) 4'#桩

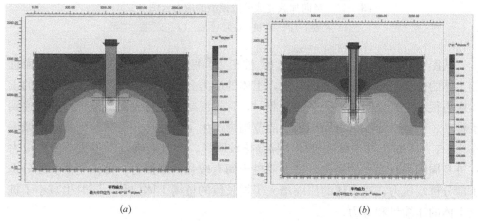

(a)　　　　　　　　　　　　　　(b)

图 4-19　竖向加载完成阶段模型的应力云图（一）

(a) 0#桩；(b) 1#桩

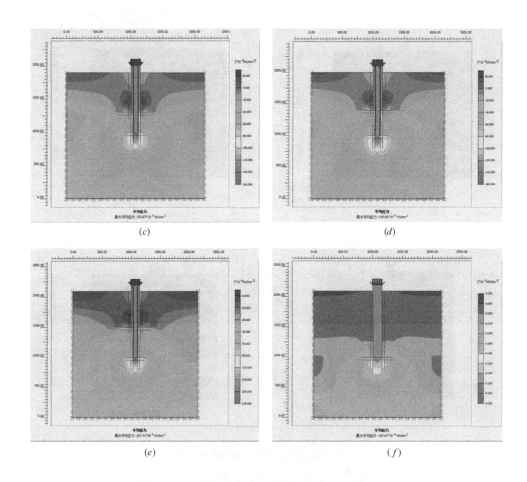

图 4-19　竖向加载完成阶段模型的应力云图（二）
(c) 2$^\#$桩；(d) 3$^\#$桩；(e) 4$^\#$桩；(f) 4′$^\#$桩

从图 4-18、图 4-19 可以看出，0$^\#$桩和 4′$^\#$桩的桩底土体压缩量较大，而桩侧土体的位移较小，影响范围有限，土体的应力分布主要集中在桩底，桩侧的土体应力很小。这说明在承受竖向荷载时，常规混凝土桩将大部分桩顶荷载传递到了桩底，桩侧土体在桩身周围很小的范围内产生了滑动，并没有起到很好的摩擦作用。1～4$^\#$桩上部土体随桩体位移变化较明显，并且影响范围很大，土体应力在桩身周围都有明显的变化，这表明桩土间有较强的摩擦力。桩体变截面处分担了部分桩端压力，对土体的压缩增大了增长段的桩周土体位移，同时也减小了桩端土体的压缩量和应力。

（2）横向加载完成阶段模型的位移和应力云图如图 4-20、图 4-21 所示。

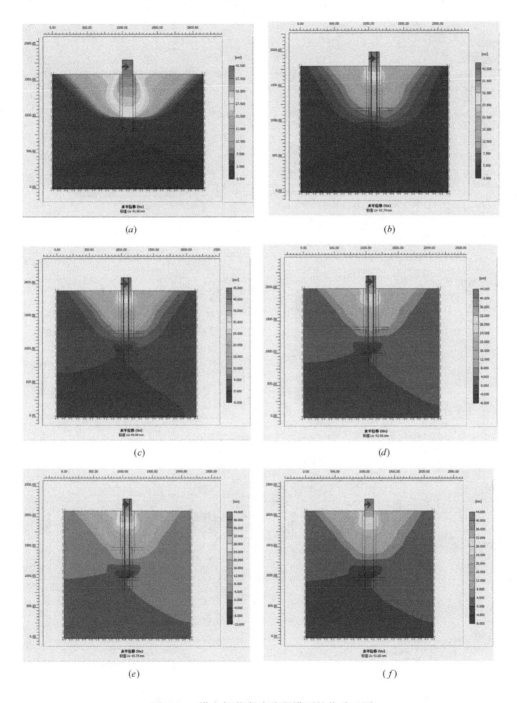

图 4-20　横向加载完成阶段模型的位移云图

(a) 0#桩；(b) 1#桩；(c) 2#桩；(d) 3#桩；(e) 4#桩；(f) 4'#桩

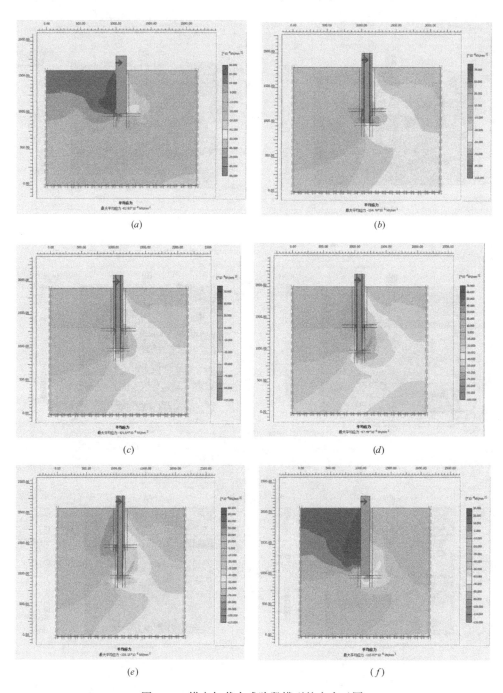

图 4-21　横向加载完成阶段模型的应力云图
(a) 0#桩；(b) 1#桩；(c) 2#桩；(d) 3#桩；(e) 4#桩；(f) 4′#桩

　　根据图 4-20、图 4-21 可知，0$^\#$桩发生了整体横向位移，而 1～4$^\#$桩及 4'$^\#$桩的横向位移都集中在地面以下一定范围内，并且桩体越长效果越明显。这是因为随着桩体增长，荷载的影响范围减小，桩端的嵌固机制增强导致的。但是我们可以看出，1$^\#$桩的长度较 0$^\#$桩并没有提高很多，但是土体的位移等值线却有明显的收缩。模型的应力云图并不对称，主要体现在土体的被动区应力较大。0$^\#$桩及 4'$^\#$桩土体被动区的应力分布较均匀，最大点集中在桩底，而 1～4$^\#$桩增长段的土体应力较大，这样能够更有效的抵抗倾覆力矩。因此，桩端的异型设计增强了桩土咬合，很好的发挥了嵌固作用。

　　（3）计算结果分析

　　运行 PLAXIS 的计算模块后，进入输出模块，得到各模型监测点的相关数值，然后分析结构在承载过程中的内力和变形特性，并与试验结果进行对比。

　　1）竖向荷载与沉降量的关系

　　根据荷载和沉降量的数值，绘制出每组模型 A 点的 Q-s 曲线如图 4-22 所示。

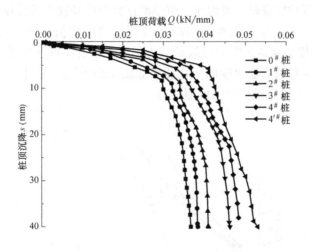

图 4-22　模型 A 点的 Q-s 曲线

　　可以看出，每组模型对应的 Q-s 曲线都具有明显的拐点，取其发生陡降的起始点对应的荷载值，并乘以 Z 方向桩体截面宽度 150mm，得到各桩的竖向抗压极限承载力（kN），如图 4-23 所示。

　　由图 4-23 可知，在理想状态下，0～4'$^\#$桩的竖向抗压极限承载力呈线性增长趋势，增幅稳定在 10% 左右，整体走势缓于模型试验的结果。其中，4'$^\#$桩的竖向抗压极限承载力比 4$^\#$桩高 5.1%，与模型试验的 6.3% 非常接近。结合竖向加载的位移云图可知，劲芯增长桩可以更好地发挥桩土间的摩擦力，若在同样断面面积的情况下，其承载性能要优于常规混凝土桩。

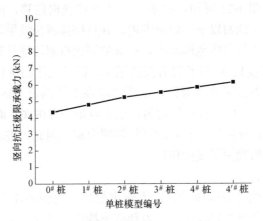

图 4-23　模型的竖向抗压极限承载力

2）竖向荷载作用下的桩身轴力

求仿真分析的桩身轴力类似 4.2 节模型试验中桩身轴力的计算方法，这里取各模型加载至竖向抗压极限承载力时各监测点的应变值，代入式（4-1）与式（4-2），得到各模型在达到竖向极限承载力情况下桩身不同深度处的轴力值，并绘制出各模型桩身轴力随深度的变化曲线如图 4-24 所示。其中，仿真分析监测点 B、C、D、E 的布设位置同模型试验。

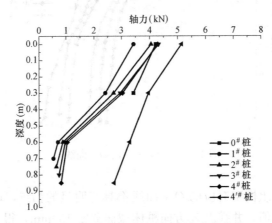

图 4-24　各模型桩身轴力随深度变化曲线

由上图可知，沿深度方向，桩身轴力是逐渐减小的，这与试验结果相符。不同的是，$0^{\#}$ 桩的轴力在 $B\sim C$ 段大于 $1\sim4^{\#}$ 桩。从竖向加载的应力云图可以看出，$0^{\#}$ 桩自地表至桩中间也即 $B\sim C$ 段的桩周土体应力较小，相应的侧摩阻力并没有很好地发挥作用，即使桩顶压力是所有模型中最小的，但荷载主要通过桩身传递至桩底，造成轴力较大的情况。

3）竖向荷载作用下的桩侧摩阻力

将上述各模型不同深度的轴力值代入式（4-4），得到竖向荷载作用下的桩侧摩阻力，并绘制出各模型桩身监测点间的平均桩侧摩阻力随深度的变化曲线如图 4-25 所示。其中，仿真分析监测点 B、C、D、E 的布设位置同模型试验。

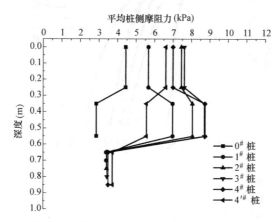

图 4-25　各模型桩身监测点间平均桩侧摩阻力随深度变化曲线

由上图可知，$0^\#$ 桩及 $4'^\#$ 桩的桩侧摩阻力沿深度方向逐级递减，而 $1\sim4^\#$ 桩在 $C\sim D$ 段显著增大，从竖向加载的应力云图可以看出，劲芯增长桩 $C\sim D$ 段的桩周土体应力分布较集中，这也印证了上图的曲线走势。我们还可以看出，$3^\#$ 桩及 $4^\#$ 桩的桩侧摩阻力非常接近，结合相应的应力云图分布情况，可以得出这两组模型的荷载传递过程极为相似。上图的平均桩侧摩阻力值是根据桩顶荷载达到竖向抗压极限承载力对应的桩身应变值计算得到的，其中，$3^\#$ 桩的竖向抗压极限承载力为 5.55kN，较 $4^\#$ 桩的 5.85kN 减少了 5%，但其桩长也比 $4^\#$ 桩小了 8%。这说明劲芯增长桩可以提高桩基的竖向承载能力，且随着桩长的增大而增大，主要是因为结构的异型设计可以充分发挥不同土层的承载性能，但当桩体增长值超过一定范围时（本节采用的模型及土体参数对应于 $3^\#$ 桩，增长比例为原桩长的 50%），对土体摩阻力的提升效果就变得很微小。

4）水平荷载与桩顶位移的关系

根据各模型的水平荷载和相应的桩顶位移值，绘制出 A 点的 H_0-x_0 曲线如图 4-26 所示。

取 H_0-x_0 曲线出现明显陡降的前一级荷载值，并乘以 Z 方向桩体截面宽 150mm，得到各桩的水平极限承载力（kN），如图 4-27 所示。

由图 4-26、图 4-27 可知，$1^\#$ 桩较 $0^\#$ 桩的水平极限承载力有明显提升，结合横向加载的位移云图可知，$0^\#$ 桩的位移包络线囊括了整个桩身，在桩端位置截止，表明桩体发生了整体横向位移，而 $1^\#$ 桩的位移沿深度方向逐级递减，在

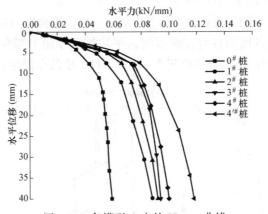

图 4-26 各模型 A 点的 H_0-x_0 曲线

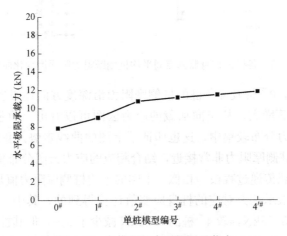

图 4-27 各模型的水平极限承载力

桩端趋向于零，增长段发挥了一定的锚固作用。$2^{\#}$ 桩较 $1^{\#}$ 桩的横向承载性能又有明显提升，之后曲线变得平缓，水平极限承载力与 $3^{\#}$、$4^{\#}$ 及 $4'^{\#}$ 桩较为接近。从位移云图可以看出，$2^{\#}$、$3^{\#}$、$4^{\#}$ 及 $4'^{\#}$ 桩的桩端有不同程度的反向位移，这说明桩身绕某一点发生了转动，该点即为位移零点，其位置在不同桩长的情况下也相对固定，大致位于既有段下 200mm 处，同时随着桩体增长，桩端反向位移逐渐增大。由此可知，当桩长达到一定程度时，桩体会绕桩身下部一点发生转动，若桩长继续增大，其横向承载能力提升很小，反而加大了桩端土体的压缩量。

5）水平荷载作用下的桩身弯矩

求仿真分析的桩身弯矩类似 4.2 节模型试验中桩身弯矩的计算方法，这里取各模型加载至水平极限承载力时各监测点的应变值，代入式（4-1）与式（4-5），得到各模型在达到水平极限承载力情况下桩身不同深度处的弯矩值，并绘制出各模型桩身弯矩随深度的变化曲线如图 4-28 所示。其中，仿真分析监测点 B、C、D、E 的布设位置同模型试验。

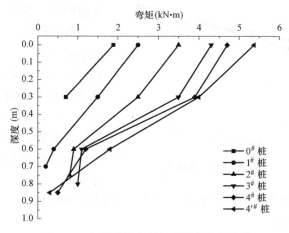

图 4-28　各模型桩身弯矩随深度变化曲线

由上图可知，各模型的桩身弯矩沿深度方向逐渐减小，这与模型试验结果相符。在 B～C 段，由于弯矩的计算建立在不同水平极限承载力条件下，相应的每组模型桩身弯矩依次增大。$4'^{\#}$ 桩即常规混凝土桩模型，桩体非劲芯且截面形式单一，整体弯矩变化比较平缓，近似呈线性递减，从横向加载的应力云图也可以看出，应力分布集中在桩端，桩身两侧较均匀。1～$4^{\#}$ 桩在 C 点出现拐点，$2^{\#}$ 及 $3^{\#}$ 桩在 D～E 段的弯矩值比 $1^{\#}$ 及 $4^{\#}$ 桩大。根据应力云图可得，$2^{\#}$ 及 $3^{\#}$ 桩被动区土体在桩端和变截面处应力较为集中，在增长段扩散明显，也说明了结构下部内力较大，能产生较强的抗倾覆力矩，增强了锚固效果，发挥了承载作用。结合室内模型试验结果可知，$4^{\#}$ 桩上部土体先发生破坏，并且由于绕 E 点以下零点位置发生旋转，造成桩端土体压缩，没有充分发挥自身刚度，承载性能提升较小。

4.3.3　数值模拟与试验结果对比分析

本节主要对数值模拟与试验结果之间的竖向极限承载力和横向极限承载力进行对比分析，验证数值模拟是否与试验结果表现出一致性。

（1）竖向极限承载力对比分析

整理试验结果及数值模拟的相关数据，得到各桩体模型竖向极限承载力的对比分析结果如图 4-29 所示。

由上图可知，模型试验和数值模拟所得到的竖向极限承载力曲线的趋势是一

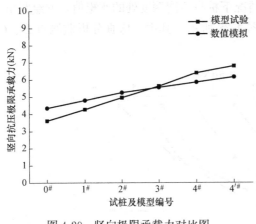

图 4-29　竖向极限承载力对比图

致的，劲芯增长桩（1～4#桩）较既有桩（0#桩）的竖向承载性能有所提高，且随着桩长的增大而增大，其中 3#桩的模型试验与数值模拟结果非常接近，而模型试验中，4'#桩较 4#桩的增长趋势变缓，这可能与埋桩后回填土的土层分布和固结情况有关。总体来说，模型试验与数值模拟结果基本吻合。

（2）横向极限承载力对比分析

通过整理试验数据和模拟数据，可以得到每根桩横向极限承载力的对比分析结果如图 4-30 所示。

由上图可知，横向极限承载力的室内模型试验结果较数值模拟偏高，但曲线都随着桩长的增加呈递增趋势。室内模型试验中，桩体增长至 3#桩长时曲线变缓，而数值模拟的结果显示增长至 2#桩长时出现拐点，曲线斜率减小。出现这种情况，主要是因为现场的地质情况比较复杂，回填土离散性较大，随着施加荷载的增大，土体的状态随之变化，而数值模拟本身偏向于理想化状态，也未考虑非饱和土中吸力等因素的影响。

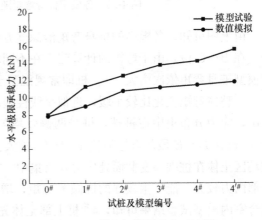

图 4-30　横向极限承载力对比图

4.3.4　基于仿真分析和模型试验结果的设计参数分析

本章的室内模型试验与数值模拟采用简化后的混凝土桩劲芯增长结构，模型参数的选取相一致，0#桩即既有桩模型采用 C30 混凝土制作，桩长 l_0 为 800mm，截面为 150mm×150mm 的正方形；1～4#试桩为劲芯增长桩模型，增长段长度分别为 200mm、300mm、400mm、500mm，上部既有桩部分类似 0#桩，同样采用 C30 混凝土浇筑，截面尺寸及桩长亦同 0#桩，在既有桩中心留有直径为 80mm 的孔洞，根据各自桩长布设有不同长度的钢管，内部采用 C30 细石混凝土浇筑至钢管两端；$4'^{\#}$ 桩为 $4^{\#}$ 桩的常规混凝土桩对比模型，桩长同 $4^{\#}$ 试桩，截面为 150mm×150mm 的正方形且无钢管和劲芯混凝土，可以看作增长至 $4^{\#}$ 试桩桩长的 $0^{\#}$ 桩。桩周土体为低液限黏土，平均含水率 $w=25.3\%$，平均干密度 $\rho_d=1.51g/cm^3$，内摩擦角 $\varphi=21°$，黏聚力 $c=11kPa$。

根据室内模型试验及仿真分析的结果，可以得出在竖向荷载作用下，劲芯增长桩的竖向承载性能随桩长的增长而增大，不会出现递减，但在相同条件下，增长值超过既有桩长的 1/2 时，土体摩阻力的提升效果会减小；在横向荷载作用下，桩体增长至既有桩长的 1/3～1/2 时，土体变形适中，结构的自身刚度能够充分发挥，横向承载性能达到最优，当增长值超过这一范围后，横向承载能力提升将变小，反而会加大桩端土体压缩量，影响锚固效果。

因此，针对本章所属工况，在满足承载力要求的基础上，混凝土桩劲芯增长结构的设计增长长度取既有桩长的 1/3～1/2 较为合适。

4.4　本章小结

根据实际情况设计混凝土桩劲芯增长结构，为揭示结构的内力和变形情况，进行了相应的模型试验和有限元仿真分析，得到如下研究结论：

（1）提出了一种混凝土桩劲芯增长结构，它由既有桩部分、异型钢管、劲芯混凝土和沉管构件组成，该结构既可利用既有桩周土体的承载性能，又可实现结构整体协同受力。

（2）设计了适宜的室内模型试验方案，对结构的竖向及横向承载能力、桩身轴力、桩侧摩阻力及桩身弯矩进行分析，可以发现在竖向荷载作用下，劲芯增长桩的竖向抗压极限承载力较既有桩有明显的提升，且随着桩长的增大而增大；对于相同长度的常规混凝土桩，劲芯增长桩虽然由于下部摩擦面积减小限制了桩侧摩阻力的发挥，但承载力并没有受到太大的影响。在横向荷载作用下，劲芯增长桩的横向承载能力较既有非增长桩同样有明显的提升，但劲芯增长值超过一定界限（既有桩长的 1/2）时，横向承载能力提升有限。

（3）建立了与模型试验同参数的二维有限元仿真分析模型，结果表明劲芯增长桩可以更好地发挥桩土间的摩擦力，若在同样断面面积的情况下，其承载性能要优于常规混凝土桩，但当桩体增长值超过一定范围（既有桩长的 1/2）时，对土体摩阻力的提升效果就变得很微小。

（4）将室内模型试验与数值模拟的结果进行对比分析，得出两者的数据基本吻合，同时根据上述结果对结构的设计参数进行比选，得到在本章工况下混凝土桩劲芯增长结构增长段长度为既有桩长的 1/3～1/2 效果最佳。

第5章 基坑开挖邻近浅基础变形控制结构设计及性能分析

5.1 基坑开挖邻近浅基础变形控制结构研究

5.1.1 基坑开挖邻近浅基础变形控制结构设计

为提高基坑开挖过程中对邻近建筑物的稳定性、降低基坑开挖对周边建筑物的影响、实现邻近建筑物（构筑物）的预防性保护，研究提出了一种基坑开挖邻近既有浅基础保护结构。在既有建筑基础下部、基础外部邻近基坑侧分别设置地基补强加固体、侧向变形支挡桩；在建筑基础与侧向变形支挡桩之间设置水泥土固化截水带，在水泥土固化截水带上部设反力横梁；在建筑基础与地基补强加固体、反力横梁之间分别设置竖向变形调节结构和横向变形调节结构；自反力横梁向基础下部土体方向打设斜向锚固体，见图 5-1。

（1）地基补强加固体设于基础下部，采用水泥固化土或微型桩或化学固化土或生物固化土。

（2）侧向变形支挡桩采用水泥搅拌桩或旋喷桩或挖孔灌注桩，侧向变形支挡桩与基坑侧壁支护桩联合设置或分别设置，侧向变形支挡桩上部嵌入反力横梁内，在反力横梁内预设斜向锚固体穿过孔。

（3）竖向变形调节结构由上部顶升板、下部承载板、竖向顶升千斤顶、竖向支墩、竖向压力扩散板组成；上部顶升板和下部承载板均采用钢板预制而成，横断面均呈"冖"形，对称插入既有建筑基础与地基补强加固体之间的预留间隙内；竖向顶升千斤顶、竖向支墩均设于上部顶升板与下部承载板之间的空隙内；竖向顶升千斤顶采用液压千斤顶或气压千斤顶，竖向支墩采用钢板焊接呈"工"字形；上部顶升板分别外包建筑基础的底边和竖向外边两边。

（4）水泥土固化截水带呈带状布设，其竖向深度超过地基土含水层的层底深度，由引孔压浆或高压旋喷注浆或渗透注浆形成。

（5）可回收锚杆为预应力锚杆，在锚固段的两端分别设置自由段前部锚固端和自由段后部锚固端，在锚杆可回收段与自由段前部锚固端之间设连接螺栓。

（6）横向变形调节结构包括横向反力千斤顶、横向支墩、横向支撑板、横向

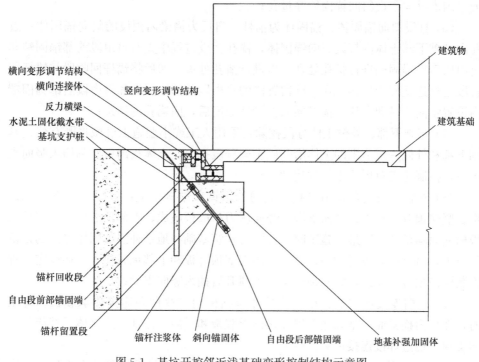

图 5-1　基坑开挖邻近浅基础变形控制结构示意图

压力扩散板。横向反力千斤顶的一端与横向支撑板接触，另一端与上部顶升板的竖向边外侧接触。

5.1.2　基坑开挖邻近浅基础变形控制结构施工过程

（1）施工准备：进行基础尺寸测试，布设变形观测点，进行构配件质量检查，组织施工机械、人员进场；

（2）侧向变形支挡桩施工：在既有建筑基础外侧与基坑开挖面之间，进行水泥搅拌桩或旋喷桩或挖孔灌注桩施工，形成侧向变形支挡桩；

（3）地基补强加固体施工：根据设计要求，在邻近的既有建筑基础下部分段引孔取土，并向地基土内设置水泥固化土或微型桩或化学固化土，形成地基补强加固体；当采用微型桩作为地基补强加固体时，还应将微型桩顶部土体固化；

（4）设置水泥土固化截水带：采用引孔压浆或高压旋喷注浆或渗透注浆方式，在侧向变形支挡桩与建筑基础之间施工形成水泥土固化截水带，水泥土固化截水带竖向呈带状，其竖向深度不小于地基土含水层的层底深度；

（5）设置钢筋混凝土反力横梁：待水泥土固化截水带施工完成后，立刻在水泥土固化截水带上部支设模板，并浇筑混凝土形成钢筋混凝土反力横梁，在反力横梁内沿纵向预设斜向锚固体穿过孔；

（6）打设斜向锚固体：锚固体为锚杆；自反力横梁内预设的斜向锚固体穿过孔向基础下部土体内打设斜向锚固体，锚孔钻设过程中先对自由段前部锚固端和自由段后部锚固端进行扩孔处理，再进行清孔处理，然后将锚杆回收段与锚杆留置段通过连接螺栓连接，在锚杆留置段的自由段前部锚固端和自由段后部锚固端内设置定向锚具和夹片；锚杆插入至设计深度后，向锚孔内注浆；

（7）基础下部、外侧土体分段挖除：采用人工或小型施工机械将既有建筑基础下部和外侧一定范围的土体沿基础走向分段掏出，土体掏出后立刻插入竖向支撑体，控制施工对周边土体的扰动；

（8）安装竖向变形调节结构：竖向变形调节结构由上部顶升板、下部承载板、竖向顶升千斤顶、竖向支墩、竖向压力扩散板组成；上部顶升板和下部承载板横断面均呈"凵"形；施工时，在既有建筑基础与地基补强加固体之间的预留间隙内，沿纵向分段对称插入"凵"形上部顶升板和下部承载板，并在设定位置安装竖向顶升千斤顶；竖向顶升千斤顶顶升后插入竖向支墩；

（9）横向连接体安装：横向连接体包括横向支撑柱和连接体承载板；施工时，在反力横梁面向基础侧设置连接体承载板和横向支撑柱，连接体承载板与横向支撑柱通过焊接连接；

（10）设置横向变形调节结构：横向变形调节结构包括横向反力千斤顶、横向支墩、横向支撑板、横向压力扩散板；施工时，在基础外侧沿纵向布设横向支撑板和横向反力千斤顶，使横向反力千斤顶一端与"凵"形上部顶升板的竖向侧壁接触，另一端与横向支撑板接触；

（11）斜向锚固体预应力施加：借助张拉装置对斜向锚固体施加预应力，并将斜向锚固体先锚固于反力横梁上；

（12）基坑开挖：待斜向锚固体施工完成并形成强度后，打设基坑支护桩，开挖基坑内土体，基坑支护桩与侧向变形支挡桩平行设置；

（13）变形观测：基坑开挖过程中随时观测建筑横向、竖向变形，斜向锚固体应力，竖向变形调节结构和横向变形调节结构的压力情况，通过调整竖向顶升千斤顶和横向反力千斤顶的伸出量，控制建筑变形；

（14）后注浆填充体施工：待基坑开挖完成、基坑外侧土体变形稳定后，沿建筑基础纵向间隔取出竖向变形调节结构的竖向顶升千斤顶和横向变形调节结构的横向反力千斤顶，再向建筑基础周边空隙内浇筑自密实混凝土，形成后注浆填充体；

（15）锚杆回收：松开斜向锚固体的连接螺栓，将锚杆回收段与自由段前部锚固端断开，随后将锚杆回收段拔出，并填充孔洞。

5.1.3　基坑开挖邻近浅基础变形控制结构特点分析

（1）在基坑开挖前先设置了地基补强加固体、水泥土固化截水带、侧向变形支挡桩，可有效提升建筑基础的承载能力和安全性，防止房子建筑基础下部土体发生渗透破坏。

（2）在基础下部和侧边面向基坑侧分别设置竖向变形调节结构和横向变形调节结构，可从竖向和横向两个方向控制建筑基础的变形，防止建筑发生倾斜、沉降等病害。

（3）采用预应力可回收锚杆斜向锚固体，在地基土内设置自由段、前部锚固端和自由段后部锚固端，既可对建筑基础外侧土体施加预应力，又可在施工完成后回收部分锚杆。

（4）竖向顶升千斤顶、横向顶升千斤顶、锚杆回收段在工程完工后可回收利用，节省建筑材料。

5.2　基坑开挖邻近浅基础变形控制结构室内试验研究

5.2.1　试验步骤

（1）对试验土样进行前期的土工试验测定其相关物理力学参数，为保证满足填土压实度需要按一定的含水率洒水拌合试验土样，同时用塑料布将拌合后的试验土样铺盖密闭一段时间，待试验开始前对土样含水率进行测试，看其是否达到试验要求。

（2）按设计中模型的地下连续墙和条形基础的尺寸，通过混凝土材料配比试验并切割钢筋预制符合强度指标的混凝土挡板和条形基础，制作完成后进行室内养护。

（3）根据变形控制结构的特点，选择槽钢和钢板制备模型试验中的水平反力横梁和竖向支撑墩，同时按照设计要求选择位移测试螺杆。

（4）试验土样压实度根据基本土工试验测得的最大干密度及最优含水率来控制，按测定的性能指标装填试验土样。待底部土样装填完成后将地下连续墙定位安装，再进行后续的填土并安装土体位移测试仪器及土压力盒等测试安装。土样装填完成后在表层均匀放置混凝土试块使得土样固结，同时在位移测试点安装数显百分表。

（5）静置两周后开始模拟无邻近浅基础情况下基坑分层开挖施工过程，在每层土体开挖前以及结束后都要对测试仪器的数据进行采集记录。而且每层开挖完成后都要静置一段时间，待变形完成及测试仪器上数据稳定后再进行下一层的施工，因此还需要在静置的时间间隔内至少进行一次数据采集。在整个基坑开挖施工过程结束后要将试验土样取出洒水拌合保湿。

（6）重复以上施工步骤，将预制完成的条形基础定位安装在设计位置，同时在基础上堆放混凝土试块用来模拟建筑上部结构施加的荷载。待土样固结完成后在基础上安装变形控制结构以及位移量测数显百分表，开始模拟存在邻近浅基础情况下基坑开挖施工过程，并按步骤（5）进行相关的数据采集工作。

5.2.2　基础变形控制结构室内模型试验土压力数据分析

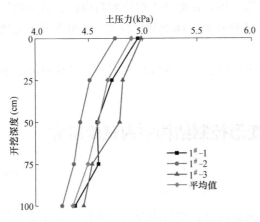

图 5-2　埋深 0.5m 处各测试点土压力随开挖深度变化曲线

（1）无邻近浅基础情况下土压力数据分析

该模型试验在模型箱靠近地下连续墙处沿深度方向分三层埋设土压力盒，每层水平向埋设 3 个，共埋设 9 个土压力盒。具体位置在填土表面沿深度向下 0.5m、1.0m、1.3m 处，并将其依次编号为 1#-1、1#-2、1#-3、2#-1、2#-2、2#-3、3#-1、3#-2、3#-3 土压力盒。测得的土压力是基坑周边土体作用在地连墙上的土压力。

基坑分四层进行开挖施工，每层开挖完成后记录各测试点稳定后的数据，根据采集到的土压力数值绘制各层测试点土压力随开挖深度变化曲线如图 5-2～图 5-4 所示。

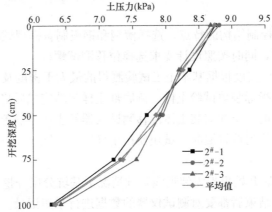

图 5-3　埋深 1.0m 处各测试点土压力随开挖深度变化曲线

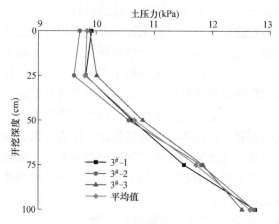

图 5-4　埋深 1.30m 处各测试点土压力随开挖深度变化曲线

　　图 5-2 是埋置深度为 0.5m 处各测试点的土压力随开挖深度变化曲线，在第一层开挖过程中各测试点土压力降低趋势较为显著，这主要由于在第一层开挖后土压力从静止状态转变为主动状态；随着开挖深度逐渐加大，该层土压力逐渐减小，但相比第一层开挖其减小幅度有所降低，同时在第四层开挖结束后各测试点均降低到最小值。综合来看，虽然该层三个测试点土压力变化存在差异，但各测试点土压力随开挖深度的变化趋势是一致的，且当开挖深度超过 0.5m 后，该层各测试点土压力减小趋势逐渐减弱，说明该层测试点土压力在其埋置深度范围内开挖受到的影响较大，而后随开挖深度加大对该层测试点的影响会逐渐减弱。

　　图 5-3 是埋置深度为 1.0m 处各测点的土压力随开挖深度变化曲线，该层各测试点土压力均随开挖深度的加大持续减小，并逐渐转变为主动土压力状态。在开挖深度 0~0.75m 内，该层 $2^{\#}$-1 测试点土压力减小速率随开挖深度加大逐渐增加，而 $2^{\#}$-2 和 $2^{\#}$-3 测试点的土压力减小速率随着开挖深度加大呈先增大后减小的变化趋势，但在开挖深度超过 0.75m 时，三个测试点土压力均出现急剧减小，减小速率变化尤为突出，直至开挖结束达到最低值，说明开挖深度越靠近该层测试点埋置深度时，其土压力受开挖影响越显著。

　　图 5-4 是埋置深度为 1.30m 处各测试点的土压力随开挖深度变化曲线，在第一层开挖后三个测试点处土压力会有略微降低但基本保持稳定；当开挖深度超过 0.25m 后，随着开挖深度逐渐加大，该层三个测试点土压力均开始急剧增大，直至开挖结束后达到最大值。该层测试点土压力从开始的基本稳定状态到开挖超过 0.25m 后的急剧增大状态，且随开挖深度加大土压力增长速率也持续增大，说明该层测试点埋置深度属于被动土压力区域。

　　根据无邻近浅基础情况下测得的各层测试点的土压力数据可知，同一测试点的土压力值随基坑开挖处于一个持续不断变化的状态，而并不是一个固定值。可以看出，基坑开挖是一个动态的相互协调变化的过程。

通过经典土压力理论计算模型试验土样深度范围内的理论值，与模型试验测定的实测值进行比较，发现实测值与理论值不相符。根据土压力理论可知，在土样装填及固结沉降结束后基坑内外填土应处于自稳平衡状态，且地下连续墙上应无土压力变化，而实际结果却正好相反。这是由于基坑开挖卸荷扰动了周边土层破坏了原有应力平衡状态，造成坑外土体向坑内挤压产生侧向位移。土体的移动推动了地连墙向坑内侧移，而地连墙的侧移使得土压力逐渐转变为主动状态，同时土压力随开挖深度加大逐渐减小，由于坑外土体并非处于极限平衡状态，而朗肯土压力理论计算的是极限平衡状态下的土压力值，所以实测数据值与理论计算值存在差异。在开挖面以上的 $1^\#$-1、$1^\#$-2、$1^\#$-3、$2^\#$-1、$2^\#$-2、$2^\#$-3 测试点随开挖深度的加深土压力实测值不断降低，而处在开挖面以下的 $3^\#$-1、$3^\#$-2、$3^\#$-3 测试点则逐渐增大，这说明在开挖面以下一定范围内土压力转变为被动土压力，存在应力转移现象。

无邻近浅基础情况下不同开挖阶段土压力沿深度的变化曲线如图 5-5 所示。

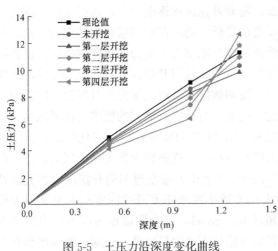

图 5-5　土压力沿深度变化曲线

图 5-5 是不同开挖阶段不同深度测试点的土压力变化曲线，在未开挖阶段测得的静止土压力值与理论计算值相比都偏小，但基本符合三角形分布形式，这主要是由于一般理论计算的静止土压力系数取 0.5，相对于实际工程而言取值过于保守，所以导致出现理论值大于实测值的情况。在不改变开挖深度的情况下，土压力沿深度方向上呈逐渐增大的变化趋势，但在基坑开挖超过 0.5m 后可能出现下部测试点土压力异常减小的情况，这是由于基坑开挖越深坑内土体卸荷较大，相应的土体应力释放也变大，在开挖面附近最可能出现上述情况，所以对开挖面范围内各部位要重点监测。在基坑开挖面以下，土压力随开挖深度的加深不断增大，在开挖结束后土压力最大值超过了理论计算值，这主要是由于开挖面以下土压力从静止土压力状态逐渐转变为被动土压力状态。

（2）有邻近浅基础情况下土压力数据分析

有邻近浅基础情况下土压力盒具体布设位置和相应的测点编号与无邻近浅基

础时相同，根据各层测试点土压力实测值绘制随开挖深度的变化曲线如图 5-6～图 5-8 所示。

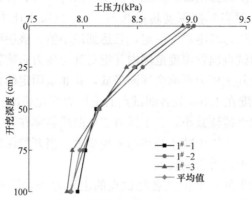

图 5-6　埋深 0.5m 处各测试点土压力随开挖深度变化曲线

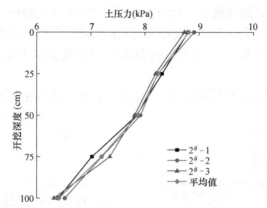

图 5-7　埋深 1.0m 处各测试点土压力随开挖深度变化曲线

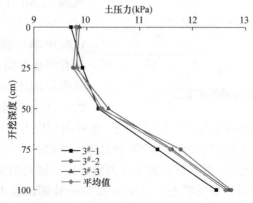

图 5-8　埋深 1.30m 处各测试点土压力随开挖深度变化曲线

图 5-6 是埋置深度在 0.5m 处各测试点的土压力变化情况：第一层开挖过程中，该层各测试点土压力都出现急剧减小的变化情况；随着开挖深度的加大，该层土压力持续减小，但当开挖深度超过 0.5m 后，该层土压力减小速率有所减缓，直至开挖结束土压力基本趋于稳定，且达到最小值。该层测点土压力受开挖深度影响，在该层测试点埋置深度范围内开挖对其土压力影响较大，当开挖深度超过其埋置深度，对其土压力影响会逐渐降低，并非是固定的常数。

图 5-7 是埋置深度在 1.0m 处各测试点的土压力变化情况：该层各测试点土压力随开挖深度的加大持续减小，其土压力变化曲线斜率在开挖全过程中，随开挖深度加大不断变大，土压力减小趋势越来越显著。当开挖深度超过设计深度一半时，对该层测试点土压力影响较大。

图 5-8 是埋置深度在 1.30m 处各测试点的土压力变化情况：第一层开挖过程中，$3^\#$-2 和 $3^\#$-3 测试点土压力会有略微降低，而 $3^\#$-1 测试点则出现缓慢增大的变化，该层各测试点土压力虽存在微小差异，但都基本保持稳定；随开挖深度逐渐加大，该层各测试点土压力均出现急剧增大的变化趋势，且其增大速率随开挖深度加深不断变大，直至开挖结束达到最大值，同时该层测试点土压力最大值超过了未开挖时的静止土压力，说明该层测试点土压力逐渐转变为被动土压力。

有邻近浅基础情况下不同开挖阶段土压力沿深度的变化曲线如图 5-9 所示。

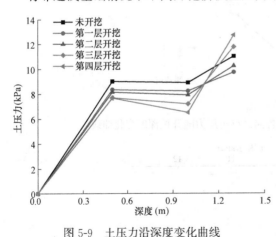

图 5-9 土压力沿深度变化曲线

由图 5-9 可知，比较基坑邻近有、无浅基础情况在未开挖时，测得埋深在 0.5m 处测试点的静止土压力值，发现存在邻近浅基础情况下测得的土压力值大于无邻近浅基础情况。而埋深 1.0m 和埋深 1.30m 处测试点的静止土压力值在两模型试验中基本保持一致。基坑邻近有浅基础情况下在埋深 0.5m 处测得的土压力会出现异常增大，这主要是由于邻近浅基础对周边土体产生了附加应力作用，同时周边土体在附加应力作用下，其静止土压力沿深度方向呈先增大后减小再增大的发展趋势。对比各个开挖阶段可以看出，在埋深 0.5m 和埋深 1.0m 处测试点的土压力随开挖深度的增大不断变小，土压力逐渐从静止状态发展为主动状态；而埋深 1.30m 处测试点土压力则随开挖深度加大不断增大，土压力逐渐从静止状态发展为被动状态。综上可知，土压力变化规律是以开挖面为分界线，在开挖过程中土体应力存在转移现象。

根据基坑邻近有浅基础情况下实测所得土压力数据可知，建筑基础附加应力的影响范围并非随基坑开挖深度的增大而不断变化，附加应力的影响范围与基础的埋置深度有关。从土压力变化规律曲线可知，浅基础的附加应力影响范围在 $0\sim-1.0$m 之间，且沿深度方向分布并不均匀。最大附加应力位置处在 $-0.5\sim-1.0$m 之间，而且该建筑荷载的扩散角小于 $45°$。同时最大附加应力作用位置与开挖深度无关，并非是随开挖深度的变化而不断改变。

（3）通过埋设的土压力盒测试出各测点的静止土压力值，并绘制出两种模型的静止土压力分布对比图，如图 5-10 所示。

由图 5-10 两模型试验静止土压力实测值沿深度变化对比曲线可知，无邻近浅基础情况中各测试点的实测值相比理论值都偏小，但沿深度方向基本符合三角形分布形式，实测值偏小的原因可能是理论计算时静止土压力系数取值过大，也可能是模型试验中模型箱尺寸的限制所致。有邻近浅基础情况下由于受到浅基础的附加应力作用，所以沿深度方向上土压力分布较为复杂，尤其是处在附加应力作用范围

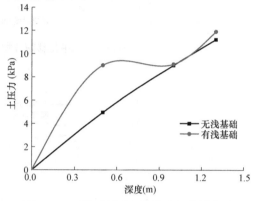

图 5-10　两模型试验土压力实测值沿深度
变化对比曲线

内的测试点土压力会出现异常增大现象，在 -1.30m 测试点处土压力达到最大值，且土压力分布形式与开挖深度关联性不明显。不同模型不同开挖阶段各测试点的土压力变化趋势和变化速率都存在差异性。

5.2.3　基础变形控制结构室内模型试验位移分析

（1）无邻近浅基础情况下位移数据分析

无邻近浅基础情况下测试的各测试点水平位移和竖向位移随开挖深度的变化曲线如图 5-11 和图 5-12 所示。

图 5-11 是各测试点水平位移随开挖深度变化曲线，在第一层开挖过程中，各测试点的水平位移均有增大，其中埋深 0.3m 和埋深 0.65m 处的水平位移增大较为明显；随着开挖深度的逐渐加大，埋深 0.3m、0.65m 和 1.0m 测试点的水平位移均逐渐增大，且当开挖深度超过 0.5m 后，埋深 0.3m、0.65m 和 1.0m 测试点的水平位移增大尤为显著；此后随开挖深度加大，埋深 0.3m、0.65m 和 1.0m 测试点水平位移呈渐进式增长，其中埋深 0.3m 和 0.65m 处水平位移变化

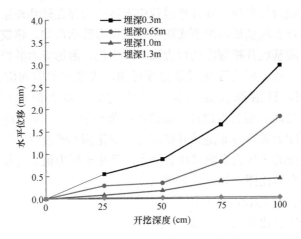

图 5-11　水平位移随开挖深度变化曲线

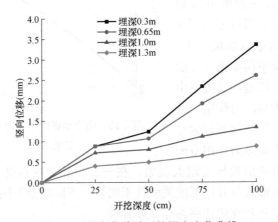

图 5-12　竖向位移随开挖深度变化曲线

最为突出；而埋深 1.30m 处测试点基本未有水平位移出现。说明基坑开挖对开挖面以上范围内土层水平位移影响较大，随测试点埋置深度增大，其水平位移受开挖影响逐渐减弱，且水平位移沿深度方向呈近似倒三角形分布模式。

图 5-12 是各测试点竖向位移随开挖深度变化曲线，在第一层开挖过程中，各测试点竖向位移均有较大增长，而在第二层开挖时，各测试点的竖向位移变化并不显著，可见第二层开挖时竖向位移对开挖深度不太敏感。随着开挖深度逐渐增大，各测试点竖向位移增大趋势越来越明显，其中埋深 0.3m 和 0.65m 处测试点增长速率变化较为突出，直至开挖结束，各测试点竖向位移均达到最大值。可见各测试点的竖向位移变化与测试点的埋设深度有关，随埋设深度增大而逐渐减小，说明基坑开挖对周边浅层土体沉降变形影响较大。

对比分析图 5-11 和图 5-12 可知，随基坑开挖深度的变化，埋置深度 1.3m 处测试点的竖向位移比水平位移变化更为明显，说明开挖面以下土层沉降变形对开挖深度较为敏感，而埋置深度 0.3m 和 0.65m 处测试点的水平位移和竖向位移变化都较为突出，且水平位移和竖向位移在开挖深度 0.5～1.0m 之间变化量大致相同，说明基坑开挖周边浅层部分土体存在接近 45°角的倾斜变形。

（2）有邻近浅基础情况下位移数据分析

有邻近浅基础情况下各测试点水平位移和竖向位移随开挖深度的变化曲线如图 5-13 和图 5-14 所示。

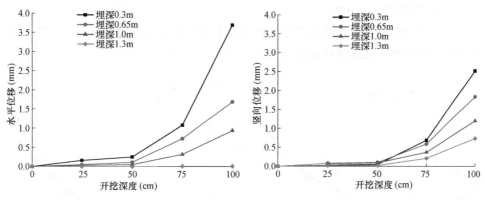

图 5-13　水平位移随开挖深度变化曲线　　图 5-14　竖向位移随开挖深度变化曲线

图 5-13 是各测试点水平位移随开挖深度变化曲线，在第一层开挖过程中，埋深 0.3m、0.65m 和 1.0m 处测试点水平位移均有增大，但增大幅度都不大；随着第二层开挖进行，各测试点水平位移变化不大基本保持稳定；当开挖深度超过 0.5m 后，埋深 0.3m、0.65m 和 1.0m 测试点水平位移随开挖深度加大开始急剧增长，其中埋深 0.3m 处测试点增长速率最为迅速，在开挖结束后达到最大值。而在开挖全过程中，埋深 1.30m 处测试点随开挖深度改变并未有水平位移出现，说明基坑开挖对周边土体水平位移的影响沿深度方向逐渐减小，测试点埋设深度越深受开挖影响越小。

图 5-14 是各测试点竖向位移随开挖深度变化曲线，在开挖深度 0～0.5m 范围内进行开挖，土体竖向位移变化并不显著，基本维持原状；当开挖深度超过 0.5m 后，各测试点的竖向位移随开挖深度加大不断变大，且增长趋势越来越明显；待基坑开挖全过程结束后，各测试点竖向位移均达到最大值；可见土体竖向位移随开挖深度加大逐渐增大，且当开挖深度在 0.5～1.0m 时，各测试点竖向位移受开挖影响较大，各个开挖阶段中竖向位移沿深度方向均呈逐渐递减的变化趋势。

对比分析图 5-13 和图 5-14 可知，在开挖深度 0～0.5m 内进行开挖，对各测试点的水平位移和竖向位移影响均不显著，这主要是由于邻近存在浅基础建筑，周边土体在开挖前受邻近建筑荷载作用产生了自稳沉降；当开挖深度超过 0.5m 后，土体水平位移和竖向位移随开挖深度加大开始急剧增长；待开挖完成后，水平位移和竖向位移均达到最大值，且水平位移超过了竖向位移；而在埋深 1.30m 处测试点竖向位移增长较水平位移更为显著，说明开挖面以下土层受开挖深度影响，其沉降变形较倾斜变形更为明显。从两者变化曲线可以看出，土体的水平位移和竖向位移随开挖深度的加大均呈现出先缓后急的发展趋势，说明基坑开挖到 0.5～1.0m 之间对土层变形影响最大。

（3）无邻近浅基础情况和有邻近浅基础情况位移对比分析

1）水平位移对比分析

两种试验模型情况在基坑开挖过程中其水平位移变化情况存在一定程度上的差异性，具体的变化规律对比曲线见图 5-15～图 5-18。

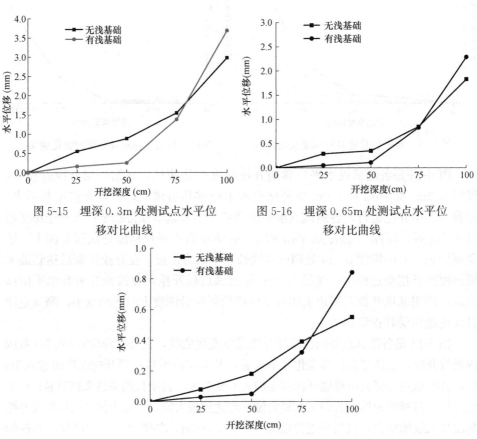

图 5-15　埋深 0.3m 处测试点水平位移对比曲线

图 5-16　埋深 0.65m 处测试点水平位移对比曲线

图 5-17　埋深 1.0m 处测试点水平位移对比曲线

通过图 5-15～图 5-18 对比可知，在开挖深度 0～0.75m 范围内进行土层开挖，无邻近浅基础情况下水平位移始终大于有邻近浅基础情况，且两者水平位移

都随开挖深度加深逐渐增大；有邻
近浅基础情况下，土层水平位移在
开挖深度 0.5～1.0m 范围内随开
挖深度加大急剧增大，且增长速率
超过了无邻近浅基础情况；待开挖
结束时，各测试点水平位移均达到
最大值，且有邻近浅基础情况水平
位移最大值超过无邻近浅基础情
况，两者水平位移沿深度方向均呈
近似倒三角形分布模式。

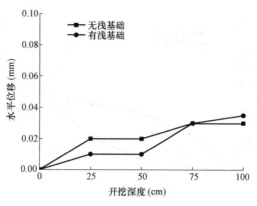

图 5-18　埋深 1.30m 处测试点水平位移对比曲线

　　综上可知，不同模型的不同开
挖阶段对土层水平位移的影响也不相同，从对比曲线来看，两试验模型中随开挖
深度的增大逐渐增大，开挖面以上土层水平位移变化较大，而开挖面以下土层水
平位移基本趋于稳定状态，说明基坑开挖对开挖面以上土层水平位移影响较大，
且沿开挖深度方向其影响逐渐减弱。存在邻近浅基础情况下土层水平位移随开挖
深度变化差异较大，在开挖深度 0～0.5m 范围内，周边土层水平位移增长较为
缓慢，这与无浅基础情况下相比存在较大的差异，且当开挖深度超过 0.5m 后，
土层水平位移随开挖深度增大开始急剧增长，这可能是由于周边土层受到邻近建
筑附加应力影响，也可能是两试验模型之间存在试验误差所致变化规律存在
差异。

　　2）竖向位移对比分析

　　两种试验模型情况在基坑开挖过程中竖向位移变化情况同样存在一定程度上
的差异性，具体的变化规律对比曲线见图 5-19～图 5-22。

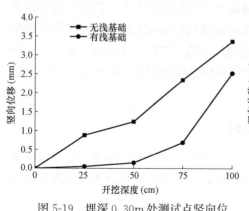

图 5-19　埋深 0.30m 处测试点竖向位
移对比曲线

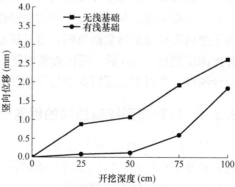

图 5-20　埋深 0.65m 处测试点竖向位
移对比曲线

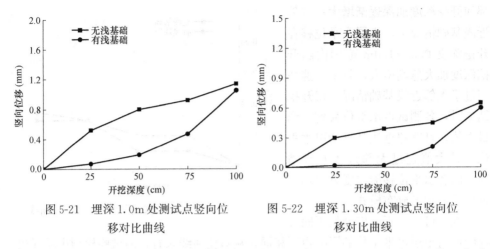

图 5-21　埋深 1.0m 处测试点竖向位　　图 5-22　埋深 1.30m 处测试点竖向位
　　　　　移对比曲线　　　　　　　　　　　　　移对比曲线

　　对比分析上述两种模型情况的竖向位移变化曲线可知：在两种试验模型中进行基坑开挖都将引起周边土体产生沉降变形，但是两者引起的土体沉降变化情况会存在一定的差异。无邻近浅基础情况竖向位移在第一层开挖过程中增大幅度相比有邻近浅基础情况较大，但在第二层开挖时，两试验模型中的竖向位移增长幅度均不大，说明第二层开挖对各测试点的沉降变形影响较小；当开挖深度超过0.5m后，两试验模型的竖向位移均开始出现急剧增大的变化趋势，直至开挖结束各测试点竖向位移均达到最大值。

　　综合整体来看，两试验模型中竖向位移虽都随开挖深度的加大而逐渐增大，但两者之间的变化曲线存在显著的差异性。无邻近浅基础情况在开挖全过程中土体竖向位移始终大于存在邻近浅基础情况，且其竖向位移增长趋势也相对较大，这可能是由于存在邻近浅基础情况下，周边土体在开挖前已在建筑荷载作用下产生了自稳沉降，导致了存在邻近浅基础情况下的竖向位移偏小。同时从对比曲线上看，存在邻近浅基础情况下在初始开挖阶段竖向位移增长较为缓慢，这可能是由于受到邻近建筑荷载的影响，也可能是两试验模型之间存在试验误差所致。当开挖深度超过0.5m后，两试验模型竖向位移均会急剧增大，说明开挖深度超过设计深度一半时对土层沉降变形影响较大。

5.2.4　基础变形控制结构的性能分析

　　（1）存在邻近浅基础且浅基础形式为条形基础的情况下，基坑开挖过程中基础位移及变形控制结构施加的平衡荷载（保证建筑基础空间位置不发生改变情况下施加的荷载）随开挖深度的变化规律如图 5-23～图 5-26 所示。

　　在有邻近浅基础情况模型试验中可以测得基础在各个开挖阶段水平和竖向的位移量，同时在基础位置安装变形控制结构后，可以通过调整基础变形控制结构中水平变形调节结构和竖向变形调节结构，来实现有效控制基础的水平和竖向位移变化以保证建筑基础空间位置不发生改变。

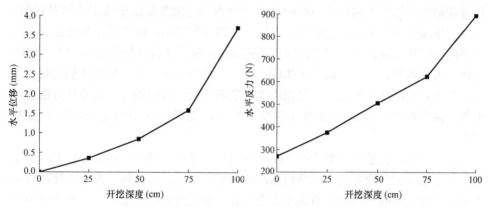

图 5-23　水平位移随开挖深度的变化曲线　　图 5-24　水平反力随开挖深度的变化曲线

由图 5-23 和图 5-24 可知，随着开挖深度逐渐加大，基础的水平位移和变形控制结构施加的水平反力均逐渐变大。在开挖的初始阶段，基础的水平位移增长幅度较小，其相应的变形控制结构施加的水平反力也变化较小，两者近似呈一定的比例关系；当开挖深度超过 0.25m 后，基础的水平位移增大趋势越来越明显，同时结构施加的水平反力也随基础水平位移的增大而变大；随开挖深度加大在深度 0.75～1.0m 内开挖，基础的水平位移变化最大，其位移量较 0～0.75m 内开挖增长近一倍，同时结构施加的水平反力也在该阶段内急剧增大，与基础位移量呈一定正比关系，这是由于后期开挖土体应力释放较大，引起的土体位移变化也较大，而基础受到土体位移的牵引作用也会产生较大的水平变形，因此需要基础变形控制结构施加更大的水平反力来有效控制基础的水平变形量，说明基坑开挖深度在 0.75～1.0m 内对变形控制结构性能影响较大。

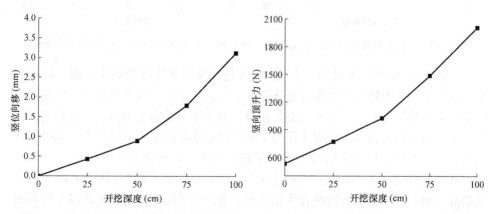

图 5-25　竖向位移随开挖深度的变化曲线　　图 5-26　竖向顶升力随开挖深度的变化曲线

由图 5-25 和图 5-26 可知，基础的竖向位移和变形控制结构施加的竖向顶升力随开挖深度的加大不断增大。在基坑开挖深度 0～0.5m 范围内，基础的竖向位移和结构施加的竖向顶升力都相对变化较小，这主要是由于浅层土体开挖时，坑内土体应力释放不大，引起周边土体的沉降变形较小，而邻近浅基础建筑受到土层的牵引作用也较小；当开挖深度超过 0.5m 时，随着开挖深度的增大，坑内土体应力逐步释放，基坑周边土体的沉降变形也会逐渐加大，邻近浅基础受土体牵引作用竖向位移逐渐增大，其相应需要变形控制结构施加的竖向顶升力也逐渐增加。说明在开挖深度超过设计深度一半时，变形控制结构受开挖影响逐渐增大。

综上可知，在基础变形方面，基础的水平位移相比竖向位移变化较大，这主要是由于地层在开挖前受建筑结构荷载的作用产生了自稳沉降。在变形控制结构方面，结构施加的竖向顶升力大于水平反力，这主要是由于竖向变形调节结构主要承受基础上部建筑结构的整体荷载，而水平变形调节结构只承受建筑倾斜变形的部分荷载，所以相对的竖向顶升力较大。

（2）基坑开挖过程中土压力及基础变形控制结构施加的顶压力随开挖深度的变化规律如图 5-27～图 5-30 所示。

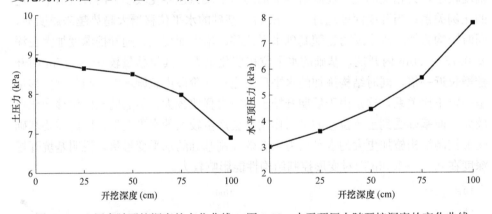

图 5-27　土压力随开挖深度的变化曲线　图 5-28　水平顶压力随开挖深度的变化曲线

由图 5-27 和图 5-28 可知，土压力随开挖深度的加深逐渐减小，而变形控制结构的水平顶压力随开挖深度的加深逐渐增大。这主要是由于基坑开挖卸荷，扰动了周边土体原有的应力平衡状态，使得周边土体不断向坑内挤压，引起支护结构产生了向坑内的移动，使得土压力从静止状态逐渐转变为主动状态，同时邻近浅基础受到土体位移的牵引作用产生了相应的变形，因此水平顶压力会逐渐变大。从变化曲线上看，基坑开挖超过 0.5m 后土压力及水平顶压力都有较大的变化趋势，而在开挖初始阶段两者变化并不显著，说明随着基坑开挖越深土压力和水平顶压力受到的影响越大。

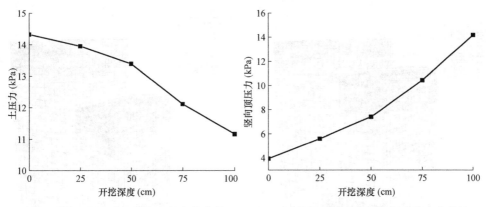

图 5-29　土压力随开挖深度的变化曲线　　图 5-30　竖向顶压力随开挖深度的变化曲线

由图 5-29 和图 5-30 可知，土压力在开挖初始阶段减小幅度较小，这是由于在浅层土体开挖时，坑内土体卸荷较小，应力释放不大，但随着开挖深度逐渐超过 0.5m 后土体卸荷增加，其土压力的减小速率会加快，相应的竖向顶压力增大速率也会变快，说明基坑开挖在 0.5～1.0m 内随开挖深度的增大对土压力及竖向顶压力影响不断变大。从变化曲线上看，土压力随开挖深度加深逐渐减小，而竖向顶压力则随开挖深度加深逐渐增大，两者呈一定的反比关系。

综上可以看出，在基坑开挖过程中，土压力随开挖深度的加深逐渐减小，而变形控制结构施加的顶压力则随开挖深度加深逐渐增大，且在开挖深度超过 0.5m 后水平和竖直方向的土压力和顶压力都有较大幅度的变化，说明开挖深度在超过基坑设计深度一半时，深度变化对土压力及变形控制结构的性能影响快速增大。

5.3　基坑开挖邻近浅基础变形控制结构性能仿真分析

5.3.1　无邻近浅基础情况模拟结果分析

（1）基坑周边土体应力变化情况分析

由于基坑的开挖破坏了原土体应力场的平衡，导致周围地层的应力状态随开挖深度的改变发生了不同程度的变化，具体开挖引起的基坑周边土体应力变化情况如图 5-31 所示。

由图 5-31 可知，基坑开挖卸荷，坑内土体应力得到释放，原有土体中的应力平衡状态及稳定状态被打破，引起周边土体不断向基坑开挖侧移动，土体从开始的静止状态逐渐转变为变形状态，同时支护结构上也会发生变形。随着开挖的进行，周边土体应力会不断增加，支护结构的变形也会逐渐增大，同时带动了周

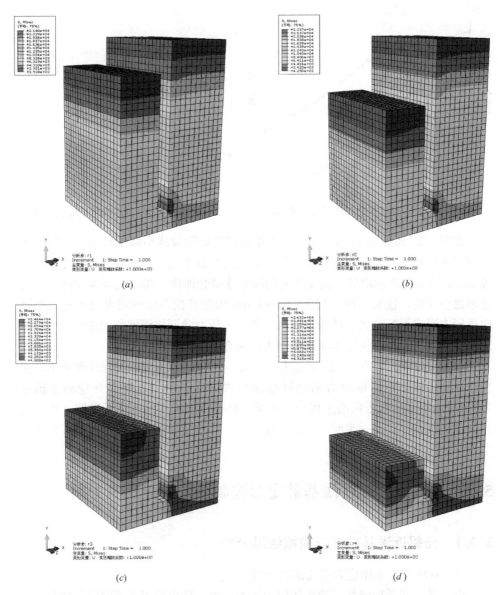

图 5-31　邻近无浅基础情况基坑周边土体应力变化云图

（a）第一次开挖；（b）第二次开挖；（c）第三次开挖；（d）第四次开挖

边土体的位移也进一步增大，土体中的应力状态会进行应力重分布，而应力变化主要体现在地下连续墙上。

从数值模拟结果中输出 4 个开挖阶段相关的基坑周围土体的应力变化数据进行整理分析，利用 Origin8 图表软件得到应力-深度曲线如图 5-32 所示。

由图 5-32 可知，基坑开挖改变了
土体应力原有的分布形态，且不同的开
挖阶段对应力分布形态的影响也有所不
同。随着开挖的不断进行，周边土体的
挤压不断加剧，导致土体应力增大越来
越显著。每个阶段的开挖施工，土体的
应力变化趋势基本相似，同时应力沿深
度方向上表现出逐渐增大的变化趋势，
基本符合应力三角形分布模式。

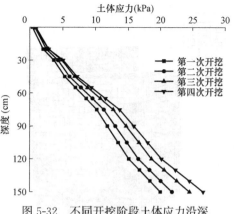

图 5-32　不同开挖阶段土体应力沿深
度变化曲线

（2）基坑周围土体位移变化情况
分析

1）水平位移

土体水平位移是衡量基坑稳定性及安全性的一个重要指标，其与支护结构会
产生相互影响，一旦土体位移过大就会不断挤压支护结构，使得支护结构发生较
大的变形，进而对基坑自身稳定性产生重大影响。所以为研究基坑开挖对周边土
体水平位移的影响，建立了数值模型进行模拟分析其相关变化规律如图 5-33
所示。

由图 5-33 可知，基坑开挖深度的不断增大，引起的土体侧向位移也在不断
变大，同时从应力云图中可以看到，周边土体的水平位移最大值基本都处在靠近
开挖侧的地层表面附近，且沿开挖深度方向上表现为逐渐减小的变化趋势。随着
开挖深度不断增大，最大水平位移的范围也在不断扩大，相应其产生的影响范围
同样在扩展。因此，为避免土体在开挖时产生过大的水平位移影响到基坑的安全
性，故需要对靠近地层表面的土体进行重点监测，同时加强施工管理并提出相应
的加固方案。

从数值模拟结果中输出 4 个开挖阶段相关的基坑周围土体的水平位移变化数
据进行整理分析，利用 Origin8 作图软件得到位移-深度曲线如图 5-34 所示。

由图 5-34 可知，基坑周边上层土体水平位移随基坑开挖深度的加深不断变
大，且增大速率呈先增大后减小的变化趋势。从变化曲线上可以看出，土体水平
位移沿深度方向上的分布近似于倒三角形的模式，越靠近地层表面，水平位移变
化越大，而在支护结构底端附近土体基本未有明显的位移变化。说明基坑开挖对
周边土体水平位移的影响是有一定范围的，在靠近基坑开挖侧位置处，离地层表
面越近土体受到的影响越大，而靠近支护结构底端附近的土层基本不受其影响。

根据有限元仿真分析的模拟结果与室内模型试验的实测值进行对比分析，如
图 5-35 所示。

由图 5-35 可知，邻近无浅基础情况下周边土体的水平位移实测值与模拟值

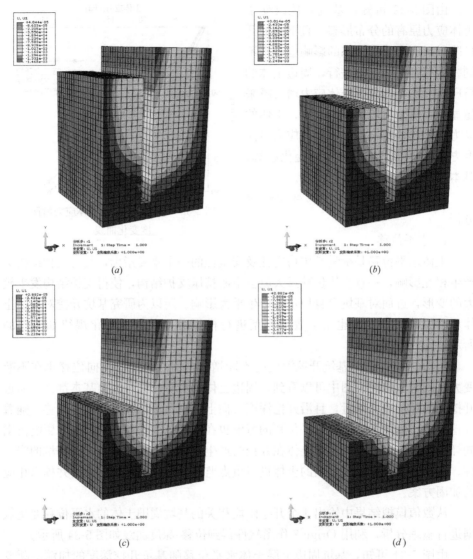

图 5-33　无邻近浅基础情况下基坑周边土体水平位移云图
(a) 第一次开挖；(b) 第二次开挖；(c) 第三次开挖；(d) 第四次开挖

变形趋势较为一致，偏差不大。水平位移的变化趋势都随开挖深度的加深不断增大，在埋置深度为 0.3m 和埋置深度为 0.65m 处测点的最大实测值与最大模拟值两者最为接近，而在埋置深度为 1.0m 和埋置深度为 1.30m 处测点的最大实测值与最大模拟值两者之间会略有偏差。由实测值与模拟值对比发现，在开挖的全过程中数值模拟值均大于实测值，这可能是由于室内模型试验受实际施工环境影响较大，开挖速率及开挖时间都会对实测值产生直接或间接的影响。

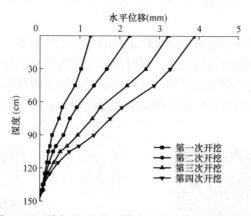

图 5-34　不同开挖阶段土体水平位移沿深度变化曲线

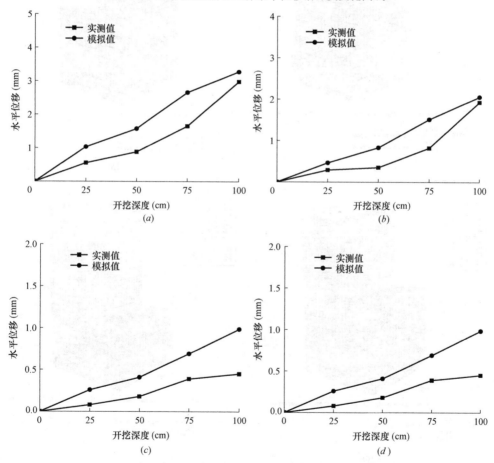

图 5-35　无邻近浅基础情况下水平位移实测值与模拟值对比

（a）埋深 0.3m 处水平位移对比；（b）埋深 0.65m 处水平位移对比；

（c）埋深 1.0m 处水平位移对比；（d）埋深 1.30m 处水平位移对比

2）竖向位移

土体的竖向位移同样是影响基坑稳定性的一个重要因素，土体的竖向位移越大，坑内土体隆起值也会相应变大，同时周边土体沉降变形过大，容易造成地表塌陷等危害周边环境的破坏性影响。所以为研究基坑开挖对周边土体竖向位移的影响，建立了数值模型进行模拟分析其相关变化规律如图 5-36 所示。

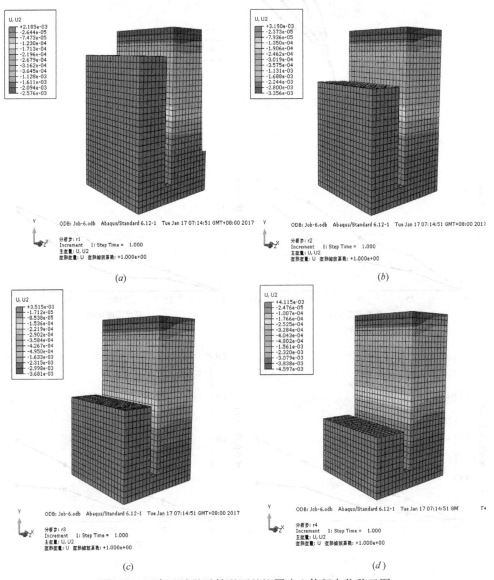

图 5-36　无邻近浅基础情况下基坑周边土体竖向位移云图

（a）第一次开挖；（b）第二次开挖；（c）第三次开挖；（d）第四次开挖

由图 5-36 可知，基坑施工过程中，周边土体的竖向位移随着开挖深度的加深逐渐变大，同时从应力云图可以看出，基坑底部的隆起量也逐渐增大，且周边土体的竖向位移最大值发生在地表附近。地表沉降形态呈三角形，越靠近开挖侧的土层，其受开挖影响越大，相应的竖向位移变化也越大；而离开挖侧越远的土层则受开挖施工的影响逐渐减弱。说明基坑开挖对周边土层的沉降影响存在一定的范围限制，在其影响范围内时，土层沉降变形增大；而超过了其所在的影响范围时，土层沉降变形则会逐渐减小。

从数值模拟结果中输出 4 个开挖阶段相关的基坑周围土体的水平位移变化数据进行整理分析，利用 Origin8 作图软件得到位移-深度曲线如图 5-37 所示。

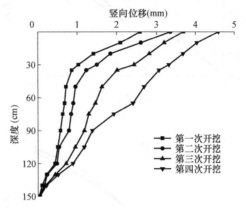

图 5-37　不同开挖阶段土体竖向位移沿深度变化曲线

由图 5-37 可知，基坑开挖卸荷，坑内土体应力得到释放，打破了原有的应力平衡状态，使得支护结构受到的土压力逐渐开始转变为主动土压力；而由于受到土压力变化的影响，支护结构会产生变形，引起周边土体也发生沉降变形。从变化曲线上可以看出，土体的竖向位移随开挖深度加深而持续变大，在第四阶段开挖完成后达到最大值。同时土体竖向位移沿深度方向上呈逐渐减小的变化趋势，且减小速率也在不断降低，在基坑底部土层内竖向位移变化很小。对比了基坑开挖各阶段周边土层的竖向位移变化情况，可以推断出基坑外侧土体的沉降主要是由于地下连续墙侧移和基坑底部土体隆起引起。

根据有限元仿真分析的模拟结果与室内模型试验的实测值进行对比分析，如图 5-38 所示。

由图 5-38 可知，邻近无浅基础情况下周边土体竖向位移实测值与模拟值随开挖深度变化曲线的趋势基本一致。在第一次开挖过程中，实测值和模拟值均出现急剧增大的变化趋势；第二次开挖时，两者增大速率均降低；当开挖深度超过 0.5m 后，两者竖向位移均开始表现为渐进式增长。在开挖的全过程中，0～0.5m 开挖深度内模拟值略有偏小，开挖深度 0.5～1.0m 时，模拟值增大速率大于实测值，最后开挖结束时，最大模拟值大于最大实测值，但两者最大值较为接近，变化规律基本相同。

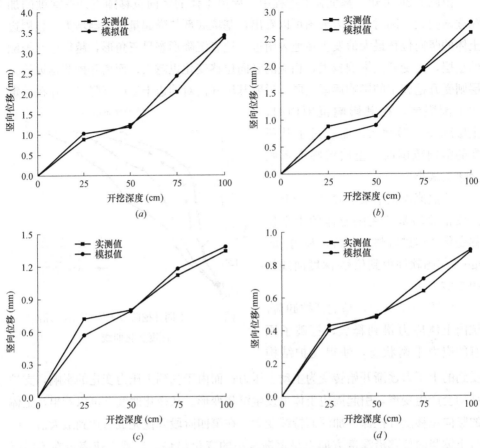

图 5-38　无邻近浅基础情况下竖向位移实测值与模拟值对比

(a) 埋深 0.3m 处竖向位移对比；(b) 埋深 0.65m 处竖向位移对比；

(c) 埋深 1.0m 处竖向位移对比；(d) 埋深 1.3m 处竖向位移对比

5.3.2　有邻近浅基础情况模拟结果分析

（1）基坑周围土体应力变化情况分析

基坑开挖过程中，由于坑内土体应力释放破坏了原土体应力场的平衡状态，同时土体又受到了邻近浅基础建筑物的附加应力作用，这些都会导致周围地层应力分布形态发生不同程度的变化，具体开挖引起的基坑周边土体应力变化情况如图 5-39 所示。

由图 5-39 可知，随着基坑开挖深度的不断增大，坑内土体应力逐渐得到释放，引起周边土体的应力开始逐渐增大。在逐步开挖的过程中，基坑周边土体受到邻近浅基础建筑物附加应力和开挖施工的共同影响，随开挖加深浅层土体应力

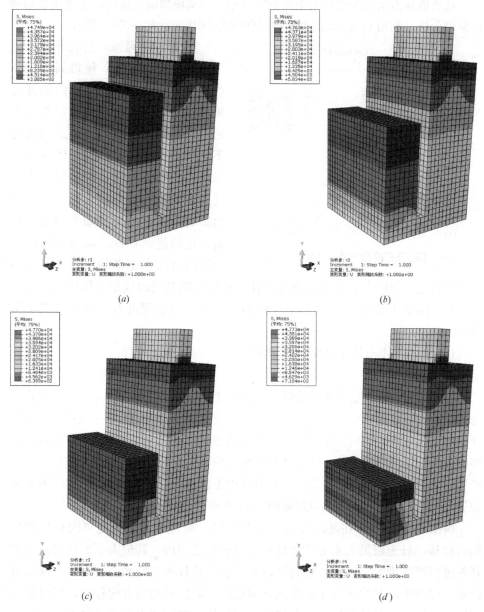

图 5-39 邻近有浅基础情况下基坑周边土体应力变化云图

(a) 第一次开挖；(b) 第二次开挖；(c) 第三次开挖；(d) 第四次开挖

不断增大；而深层土体应力虽有增加，但幅度不大。说明邻近存在浅基础建筑物情况下，基坑开挖对周边浅层土体应力影响较大，而深层土体应力变化受其影响则较小。

从数值模拟结果中输出 4 个开挖阶段相关的基坑周围土体的应力变化数据进行整理分析，利用 Origin8 图表软件得到应力-深度曲线如图 5-40 所示。

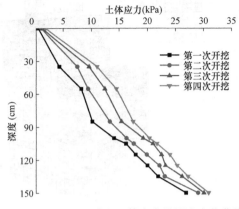

图 5-40　不同开挖阶段土体应力沿深度变化曲线

由图 5-40 可知，基坑开挖打破了原有的应力平衡，使得周边土体产生应力重分布，且在不同的开挖阶段应力的变化会存在一定程度上的差异。邻近有浅基础建筑物情况下，基坑开挖周边浅层土体应力会有较大的增长，这是由于周边土体受到了邻近浅基础建筑物的附加应力影响所引起的异常增大现象。随着开挖的逐渐加深，周边土体向基坑侧的挤压也不断加强，从而使得土体应力也不断增大。从变化曲线上看，基坑开挖对周边浅层土体应力影响较大，而对深层土体应力影响则相对较小，土体应力沿深度方向近似呈三角形模式。

（2）基坑周围土体位移变化情况分析

1）水平位移

邻近存在浅基础建筑物的情况下，周边土体的水平位移不仅是衡量基坑自身稳定性的一个重要指标，同时也是影响邻近建筑物安全性的一个重要因素。基坑开挖对邻近建筑的影响，是通过土体为介质来进行传递的，一旦土体变形过大，邻近浅基础建筑物也会被土体带动产生相应的较大变形，从而对建筑结构的安全产生较大影响。所以为研究基坑开挖对周边土体水平位移的影响，建立了数值模型进行模拟分析其相关变化规律如图 5-41 所示。

由图 5-41 可知，在基坑逐步进行开挖时，周边土体逐渐向坑内挤压产生侧向位移，且土层最大水平位移处在浅层土体范围内，其最大水平位移范围随开挖进行逐渐增大，同样可看到坑内土体也出现较明显的水平位移；在基坑开挖施工过程中，基底下部土层受到扰动逐渐开始向开挖侧方向移动，同时推动着周边土体也向开挖侧移动不断挤压支护结构。若土体水平位移过大，可能造成邻近建筑结构发生开裂、倾斜等破坏性影响，进而严重威胁到邻近建筑结构的安全。

从数值模拟结果中输出 4 个开挖阶段相关的基坑周围土体的水平位移变化数据进行整理分析，利用 Origin8 作图软件得到位移-深度曲线如图 5-42 所示。

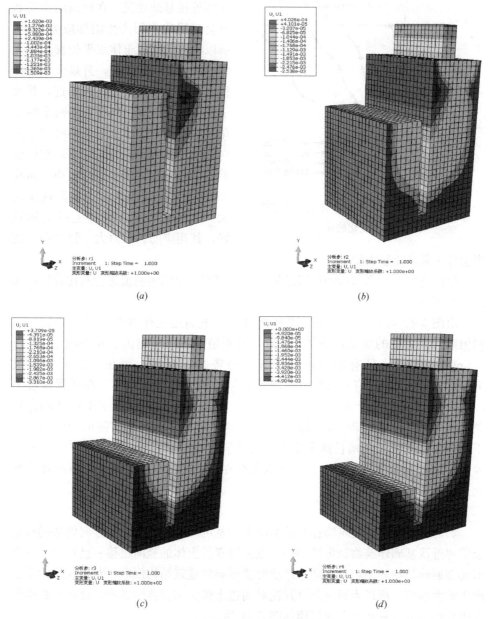

图 5-41　存在邻近浅基础情况下基坑周边土体水平位移云图
（*a*）第一次开挖；（*b*）第二次开挖；（*c*）第三次开挖；（*d*）第四次开挖

　　由图 5-42 可知，基坑开挖改变了周边土体原有应力场，使得土体从相对静止状态逐渐转变为变形运动状态，在土体应力逐渐增大时，其向坑内的侧向变形也逐渐增大。土体水平位移随开挖深度加大表现出不断增大的变化趋势。由于存

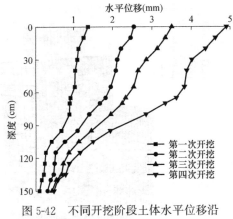

图 5-42　不同开挖阶段土体水平位移沿
深度变化曲线

在邻近浅基础建筑，在建筑结构荷载下会对周边土层产生附加应力影响，所以相应的周边土体水平位移相比无邻近浅基础情况较大，且最大水平位移位置处于基坑周边地表附近，其水平位移增大速率呈先增大后减小的变化趋势。同时土体水平位移沿深度方向上呈逐渐减小的分布形态，在深度0～0.6m范围内减小速率较小，而在0.6m以下土层内其减小速率逐步增大。这可能是由于底部土层土质较好，其相应的黏聚力大、强度高，使得土体不易产生较大变形。

根据有限元仿真分析的模拟结果与室内模型试验的实测值进行对比分析，如图5-43所示。

由图5-43可知，存在邻近浅基础的情况下周边土体水平位移实测值与模拟值随开挖深度的变化趋势基本一致，模拟值略大于实测值。在开挖深度0～0.5m内，实测值虽有增大，但其增大趋势并不显著；而在开挖深度超过0.5m后，实测值才有较大幅度的增长，但基本未超过模拟值，在埋置深度为0.3m处测点两者最大水平位移最为接近，而其他测点的最大水平位移均存有差异。在开挖的全过程中，随开挖深度的增大，水平位移的实测值和模拟值也不断增大，且模拟值增长速率较大。实测值偏小的原因可能是由于室内模型试验受环境及操作方式的影响，也可能是存在一定的试验误差所致，但两者的变化规律基本相同。

2）竖向位移

邻近既有浅基础建筑物存在的情况下，基坑开挖周边土体的竖向位移同样是影响邻近浅基础建筑物稳定性的一个重要因素。土体的竖向位移一旦过大，就会引起邻近建筑物的不均匀沉降，严重时甚至导致建筑结构倒塌，对建筑结构安全产生重大影响。所以为研究基坑开挖对周边土体竖向位移的影响，建立了数值模型进行模拟分析其相关变化规律如图5-44所示。

由图5-44可知，随着基坑开挖深度的加深，周边土体的沉降逐渐变大，同时基坑底部隆起量也相应地变大，且增大趋势随开挖深度的增大表现得越来越明显。由于开挖卸荷的加大，坑底受到邻近建筑物和开挖所产生的附加应力作用也不断变大。随着开挖深度的加大，周边土体及支护结构不断向坑内移动，导致坑底土体受到的挤压不断加剧，其隆起值不断增大，而周边地表的沉降也主要是由

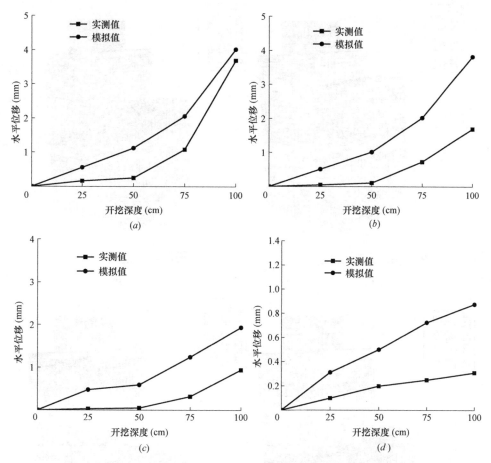

图 5-43 有邻近浅基础情况下水平位移实测值与模拟值对比
(*a*) 埋深 0.3m 处水平位移对比；(*b*) 埋深 0.65m 处水平位移对比；
(*c*) 埋深 1.0m 处水平位移对比；(*d*) 埋深 1.30m 处水平位移对比

坑底土体隆起引起的。

从数值模拟结果中输出 4 个开挖阶段相关的基坑周围土体的竖向位移变化数据进行整理分析，利用 Origin8 作图软件得到位移-深度曲线如图 5-45 所示。

由图 5-45 可知，基坑开挖打破了周边土体的应力平衡状态，土压力开始逐渐转变为主动土压力。在主动土压力的作用下，地下连续墙会产生向坑内变形，同时带动周边土体产生沉降变形。随着开挖不断加深，土体的竖向位移会越来越大，直至开挖完成后达到最大值。沿深度方向土体竖向位移呈逐渐减小的变化趋势，且其减小速率表现为先增大后减小再增大的发展趋势，在基坑底部的土层内基本未出现明显的竖向位移变化。对比基坑开挖各阶段坑外土体的竖向位移，基

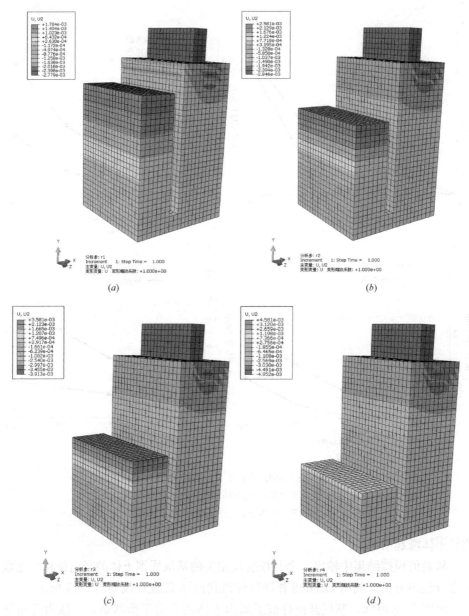

图 5-44　有邻近浅基础情况下基坑周边土体竖向位移云图

(a) 第一次开挖；(b) 第二次开挖；(c) 第三次开挖；(d) 第四次开挖

坑周边的沉降主要是受坑内土体卸荷及邻近浅基础建筑物附加荷载的影响。

　　根据有限元仿真分析的模拟结果与室内模型试验的实测值进行对比分析，如图 5-46 所示。

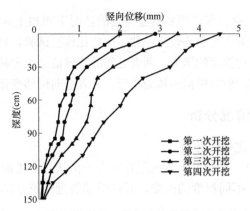

图 5-45　不同开挖阶段土体竖向位移沿深度变化曲线

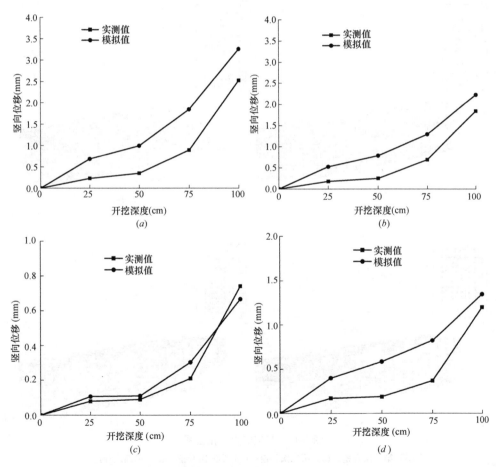

图 5-46　有邻近浅基础情况下竖向位移实测值与模拟值对比

（a）埋深 0.3m 处竖向位移对比；（b）埋深 0.65m 处竖向位移对比；

（c）埋深 1.0m 处竖向位移对比；（d）埋深 1.30m 处竖向位移对比

由图 5-46 可知，存在邻近浅基础建筑物的情况下周边土体竖向位移的实测值与模拟值随开挖深度的变化趋势较为一致，但相比模型试验，数值模拟所得到的竖向位移偏大，但随开挖深度的增大，两者之间的差异值会逐渐减小；且在深度方向上埋深越大的测点实测值与模拟值越为接近，两者竖向位移变化规律基本相同。

5.3.3　基础变形情况分析

（1）基础应力变化情况分析

基坑开挖过程中，改变了土体的原有应力平衡状态，进而会导致邻近建筑物基础的应力状态发生不同程度的改变，开挖引起邻近建筑基础应力变化具体情况如图 5-47 所示。

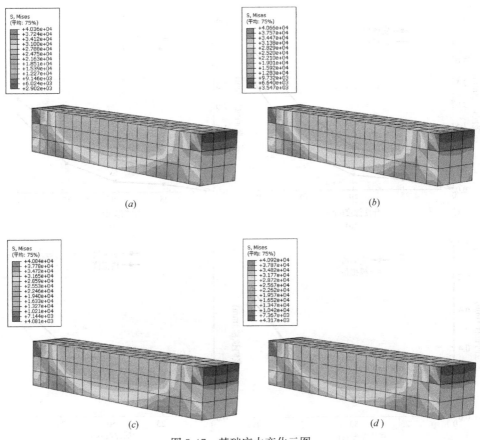

图 5-47　基础应力变化云图

（a）第一次开挖；（b）第二次开挖；（c）第三次开挖；（d）第四次开挖

由图 5-47 可知，条形基础中间段应力变化较大，最大应力出现在基础底面附近，同时在与建筑结构相接触部位的应力变化也相对较大，这说明基坑开挖施工时，建筑基础产生了不均匀沉降变形。随着开挖的加深基础各部位的应力会有所增大，但增大幅度较小。基础的应力变化主要是由基础上部建筑物的荷载作用和基础埋深部位土体的应力随开挖的变化而引起。

（2）基础位移变化情况分析

1）水平位移

基坑开挖过程中基础的水平位移变化关系着整个建筑物的安全状态，为分析基坑开挖过程中邻近浅基础的水平位移变化情况，建立了数值模型进行模拟分析其相关变化规律如图 5-48 所示。

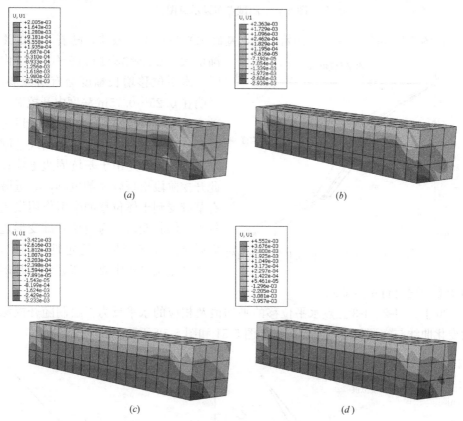

图 5-48　邻近条形基础水平位移随开挖变化云图

（*a*）第一次开挖；（*b*）第二次开挖；（*c*）第三次开挖；（*d*）第四次开挖

由图 5-48 可知，基坑开挖过程中破坏周边土层的应力分布形态，引起周边土体产生侧向变形，而建筑基础会在土体变形的牵引作用下产生位移变化。随着开挖的不断加深，邻近建筑浅基础向坑内的水平位移不断增大，靠近开挖侧的基础水平位移变化较大，而远离开挖侧的基础位移变化相对较小，这说明基础距开挖侧越近受开挖的影响越大。

在模型中选择采集数据的测试点 J-1、J-2、J-3，具体布设如图 5-49 所示。

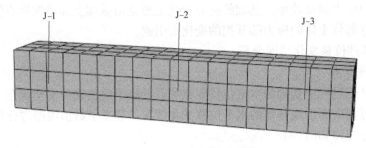

图 5-49　测试点布设示意图

由图 5-50 可知，在开挖初始阶段，基础水平位移增大较快；随着开挖的逐

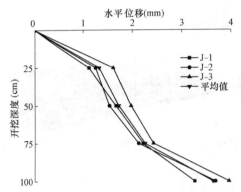

图 5-50　邻近条形基础水平位移随开挖变化曲线

渐增大，在开挖深度 0.25～0.75m 内时，水平位移增长幅度会有所减弱，说明在 0.25～0.75m 深度内开挖对基础变形影响较小；当开挖深度超过 0.75m 后，基础水平位移会出现急剧增大。这主要是由于基坑周边土体在此开挖阶段出现较大的侧移，邻近既有基础受到土体位移的牵引作用发生较大的倾斜变形，为避免基础变形过大影响到建筑结构的稳定性，因此，在现场施工过程中要对邻近建筑基础的变形情况进行重点监测。

取 J-1、J-2、J-3 三点水平位移的平均值及相应的水平反力，绘制随开挖深度变化曲线与实测值进行对比分析如图 5-51 和图 5-52 所示。

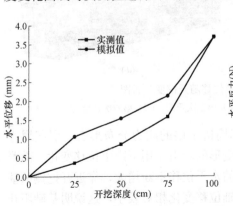

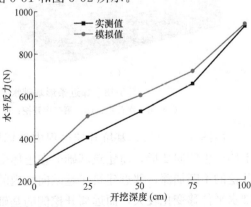

图 5-51　基础水平位移随开挖深度对比曲线　　图 5-52　水平反力随开挖深度对比曲线

由图 5-51 和图 5-52 可知，模型试验与数值模拟得到的基础水平位移及变形控制结构的水平反力随开挖深度变化趋势基本一致，但相比模型试验，数值模拟所得到的基础水平位移及水平反力均偏大，尤其在开挖的初始阶段；但随着开挖的逐渐增大，这种差异性逐渐减小，在开挖结束后，两者的水平位移最大值和水平反力最大值基本相同。在开挖全过程中，数值模拟值均大于实测值，但偏差不大，两者随开挖深度的变化规律基本相同。

2）竖向位移

基坑开挖施工会引起周边土体产生沉降变形，而建筑基础会受到土体沉降变形的影响也相应地产生竖向位移。随着开挖的进行，邻近建筑基础会发生不同程度的沉降变化，为分析开挖过程中浅基础竖向位移变化情况，建立了数值模型进行模拟分析其相关变化规律如图 5-53 所示。

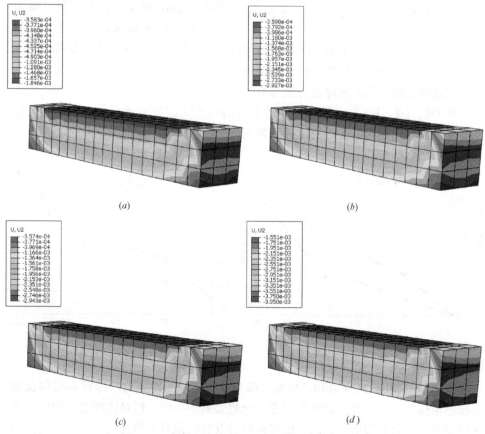

图 5-53　邻近条形基础竖向位移随开挖变化云图
(a) 第一次开挖；(b) 第二次开挖；(c) 第三次开挖；(d) 第四次开挖

由图 5-53 可知，基坑开挖会引起周边土体发生变形，而邻近浅基础会受到土体位移的牵引作用发生不同程度的沉降变形。邻近浅基础越靠近基坑开挖侧，其竖向位移变化越大，同一基础不同位置处，其竖向位移变化情况不同。

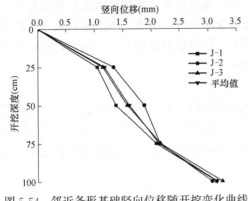

图 5-54　邻近条形基础竖向位移随开挖变化曲线

由图 5-54 可知，在初始开挖阶段，基础竖向位移增大较快，主要由于坑内土体卸荷扰动了坑外土体应力平衡，同时在上部建筑荷载作用下产生了较大的沉降变形；随着开挖深度逐渐增大，竖向位移增大幅度会有所降低，这主要是由于土体应力进行重分布会形成新的平衡状态；当开挖深度超过 0.75m 后，基础又会出现较大幅度沉降，这是由于开挖深度加深，坑内土体卸荷变大，引起坑外土体产生的变形增大，基础受到土体牵引作用产生的沉降变形也增大。建筑结构的损坏往往是由于基础沉降差异变形过大所致，因此在实际工程中应对建筑基础的差异沉降进行重点监测。

取 J-1、J-2、J-3 三点竖向位移的平均值及相应的竖向顶升力，绘制随开挖深度变化曲线与实测值进行对比分析如图 5-55 和图 5-56 所示。

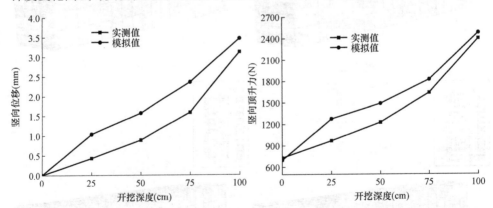

图 5-55　基础竖向位移随开挖深度对比曲线　图 5-56　竖向顶升力随开挖深度对比曲线

由图 5-55 和图 5-56 可知，模型试验与数值模拟所得到的基础竖向位移及变形控制结构的竖向顶升力随开挖深度变化趋势基本一致，但对比两者之间的变化曲线发现，数值模拟所得到的基础竖向位移及竖向顶升力均偏大，但与实测值偏差不大。在整个开挖全过程中，数值模拟值在初始开挖阶段增大较为迅速，随着开挖持续地进行增长速率会略有降低；但实测值在开挖初始阶段增长较为缓慢，随开挖逐渐加深其增长速率会不断增大。基础竖向位移和竖向顶升力的模拟值和实测值均随开挖深度的加深逐渐增大，同时两者的差异值随开挖深度加深逐渐减小，变化规律基本相同。

5.3.4　不同因素改变对结构性状的影响分析

基坑开挖施工过程中，诱发邻近基础变形的因素是多方面的，由于本章室内模型试验是对固定的开挖深度以及单一的基础形式进行分析，因此在本次有限元仿真分析中未考虑基坑开挖深度以及基础形式对结构性状的影响，只针对基础埋置深度、地下水位、支护刚度、土性参数等影响因素进行仿真分析，具体分析情况如下。

（1）基础埋置深度的影响分析

为分析基础埋置深度对基础变形控制结构性状的影响，分别选取基础埋深 0.15m、0.25m、0.35m 进行模拟分析。根据不同基础埋置深度引起的建筑物基础变形情况，结合相应变形调节结构施加荷载变化绘制位移-开挖深度和荷载-开挖深度的变化曲线如图 5-57 ～图 5-60 所示。

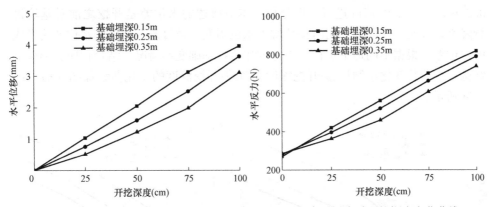

图 5-57　基础水平位移随开挖深度变化曲线　　图 5-58　水平反力随开挖深度变化曲线

由图 5-57 和图 5-58 可知，基础水平位移和变形控制结构施加的水平反力都随开挖深度加大而逐渐增大，在基础埋深为 0.15m 时，基础水平位移变化最大，相应的水平反力变化也最显著；随着基础埋深的增加，基础水平位移会逐渐减小，相应的水平反力也逐渐减小，两者之间近似呈线性关系，说明基础埋置深度越小，其抵抗倾斜变形能力越弱，开挖对变形控制结构影响越大。

由图 5-59 和图 5-60 可知，基础竖向位移和结构施加的竖向顶升力均随开挖深度的加大而不断增大，但随基础埋置深度的增加，基础的竖向位移会逐渐减少；当基础埋置深度超过 0.25m 后，基础的竖向位移会出现明显的降低趋势，同样施加的竖向顶升力也有显著的降低，说明基础埋置深度越深，提升基础抵抗沉降变形能力越大，基础的沉降变形越小，对结构性能影响也越小。在实际工程施工过程中应重点监测基础埋深较小的建筑。

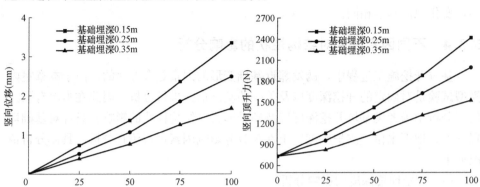

图 5-59　基础竖向位移随开挖深度变化曲线　图 5-60　竖向顶升力随开挖深度变化曲线

（2）地下水位的影响分析

为分析地下水位对基础变形控制结构性状的影响，分别选取地下水位差 0.25m、0.5m、0.75m 进行模拟分析。本节所述的水位差是开挖之前对基坑进行降水，降至开挖面以下同时保持坑内水位不变，通过改变坑外的水位变化形成的水位差。根据不同地下水位差引起的建筑物基础变形情况，结合相应变形调节结构施加荷载变化绘制位移-开挖深度和荷载-开挖深度的变化曲线如图 5-61～图 5-64 所示。

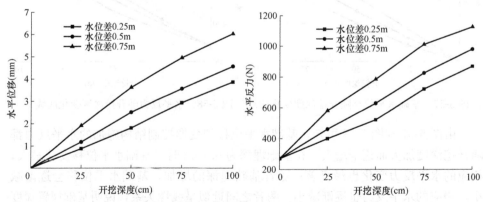

图 5-61　基础水平位移随开挖深度变化曲线　图 5-62　水平反力随开挖深度变化曲线

由图 5-61 和图 5-62 可知，在水位差不变的情况下，基础水平位移和结构施加的水平反力随开挖深度加大而逐渐增大，两者之间近似线性关系；随着水位差增大到 0.75m 时，基础的水平位移和结构施加的水平反力达到最大值，这主要是由于地下水位上升浸湿软化基底土层，造成基底土层强度降低，压缩性增大，同时在上部建筑结构荷载作用下，导致建筑基础产生倾斜变形。

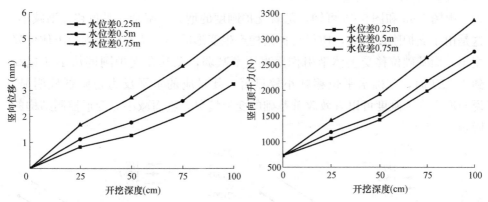

图 5-63　基础竖向位移随开挖深度变化曲线　图 5-64　竖向顶升力随开挖深度变化曲线

　　由图 5-63 和图 5-64 可知，在开挖初期，基础竖向位移增大幅度较小，当开挖深度超过 0.5m 后，基础竖向位移开始呈渐进式增长；同时结构施加的竖向顶升力也随开挖深度变化呈先缓后急的变化趋势，说明开挖深度在 0.5～1.0m 内对结构性能影响较为显著。随着水位差的增大，基础的竖向位移也逐渐增大，且当水位差超过 0.5m 后，基础竖向位移随开挖深度加深会急剧增大，相应结构施加的竖向顶升力也急剧增大。这说明地下水位差越高，基坑开挖诱发的基础变形越大，对变形控制结构影响也较显著，同时地下水位的改变不仅对地基基础承载能力有影响，而且对土层参数也有较大的影响，所以在实际工程中，应着重监测基坑内外的地下水位变化情况。

　　（3）支护刚度的影响分析

　　为分析支护结构刚度对基础变形控制结构性状的影响，分别选取支护刚度 $1EI$、$1.5EI$、$2EI$ 进行模拟分析。根据不同支护结构刚度引起的建筑物基础变形情况，结合相应变形调节结构施加荷载变化绘制位移-开挖深度和荷载-开挖深度的变化曲线如图 5-65～图 5-68 所示。

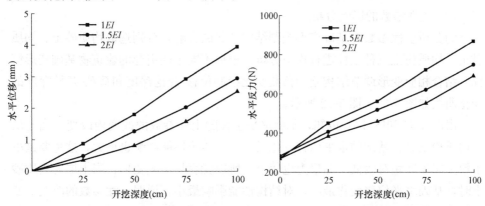

图 5-65　基础水平位移随开挖深度变化曲线　图 5-66　水平反力随开挖深度变化曲线

由图 5-65 和图 5-66 可知，随着支护刚度的增大，基础水平位移逐渐减小。这是由于支护刚度增大，使得支护结构产生变形减小。从而引起周边土体位移变小，而基础位移受土体牵引作用也逐渐减弱，尤其在支护刚度从 1EI 提高到 1.5EI 时，基础水平位移减小较显著，其对应的水平反力也降低较明显，说明增大支护刚度可以有效改善基础的变形情况，进而减小对变形控制结构的影响。

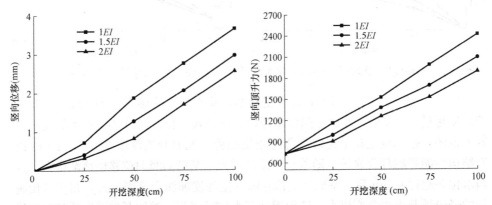

图 5-67　基础竖向位移随开挖深度变化曲线　图 5-68　竖向顶升力随开挖深度变化曲线

由图 5-67 和图 5-68 可知，随着开挖深度加大，基础竖向位移和结构施加的竖向顶升力逐渐增大，而随着支护刚度增大，基础竖向位移和结构施加的竖向顶升力则逐渐减小，尤其是在支护刚度从 1EI 提高到 1.5EI 时，基础竖向位移减小幅度较大，而当支护刚度从 1.5EI 提高到 2EI 时，基础竖向位移虽会继续减小，但其减小速率有所降低，说明支护结构刚度在一定范围内增大，可以有效减少基坑开挖对变形控制结构的影响，但当支护结构刚度达到一定值时，继续增大刚度对支护结构性能影响较小。

（4）土性参数的影响分析

为分析土性参数对基础变形控制结构性状的影响，分别选取均质砂土、均质黏土、均质粉土三种土性进行模拟分析。根据不同土性引起的建筑物基础变形情况，结合相应变形调节结构施加荷载变化绘制位移-开挖深度和荷载-开挖深度的变化曲线如图 5-69～图 5-72 所示。

由图 5-69 和图 5-70 可知，基础水平位移随土性参数的改变而改变，当土层为均质粉土时，基础的水平位移变化最大，对结构性能影响也最大，这主要是由于粉土层强度相对较低，黏聚力也较小，所以就容易产生变形；当土层为均质砂土时，基础水平位移变化最小，对结构性能影响最小，说明土性参数的改变对变形结构性能影响较为显著，土体强度越高，开挖对结构性能的影响越小。

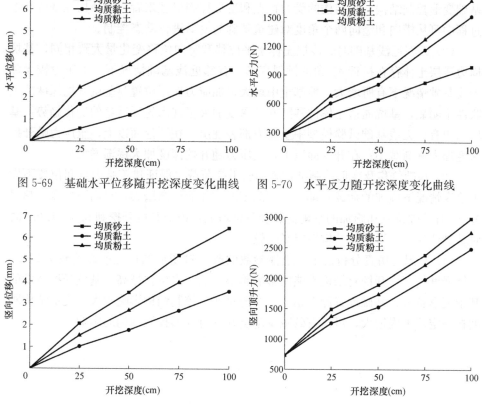

图 5-69　基础水平位移随开挖深度变化曲线　　图 5-70　水平反力随开挖深度变化曲线

图 5-71　基础竖向位移随开挖深度变化曲线　图 5-72　竖向顶升力随开挖深度变化曲线

由图 5-71 和图 5-72 可知，当土层为均质黏土时，基础沉降变形最小，结合其水平位移变化可知，其在选取的三种土性当中差异变形最小，这是由于黏土强度高，黏聚力大且不易被压缩；而当土层为均质砂土时，基础沉降变形最大，但其水平位移变化却最小，这主要是由于砂土存在剪胀性，在上部建筑结构荷载作用下，建筑物周边土体会产生隆起现象，从而导致建筑物处于土层为砂土性质下的基础沉降变形大于其倾斜变形，说明土性参数的改变对变形结构性能影响较为显著。

5.4　本章小结

基于基坑开挖降水诱发的基坑周边土体及建筑基础变形情况，设计了一种基础变形控制结构，并采用室内模型试验和仿真分析相结合的方法，对设计结构的相关性状进行分析研究，主要研究结论如下：

（1）基于邻近既有基础的变形组成情况及其变形诱发因素情况，设计了一种基础变形控制结构，从结构的受力特点和变形控制机理来看，该结构在基坑开挖过程中可从横向和竖向两个角度对建筑基础的变形进行动态控制。

（2）无邻近浅基础时，浅层土体水平位移和竖向位移变化量大致相同，基坑周边浅层土体存在接近45°角的倾斜变形。有邻近浅基础情况下，土压力较无邻近浅基础情况下有所增大，地基土中最大附加应力作用位置与基坑开挖深度的关联性不明显，基坑周边土体位移随开挖深度加大呈现出先缓后急的变化趋势。基坑周边有、无浅基础试验模型中土压力都表现出：在开挖面以上，土压力随开挖深度加大逐渐减小；在开挖面以下，土压力随开挖深度加大逐渐增大。

（3）基础位移及变形控制结构施加的平衡荷载（保证建筑基础空间位置不发生改变情况下施加的荷载）都随开挖深度的增加而逐渐增大，且当开挖深度超过0.5m时基础位移和施加的平衡荷载会急剧增大，说明基坑开挖到0.5～1.0m时对基础位移及变形控制结构性能影响较大。

（4）有限元仿真分析发现：土性参数的改变对变形结构性能影响较为显著，土体强度越高，开挖对结构性能的影响越小；地下水位差越高，基坑开挖诱发的基础变形越大；基础埋置深度越小，开挖对变形控制结构影响越大；支护结构刚度在一定范围内增大，可以有效减少基坑开挖对变形控制结构的影响。

第6章 结　论

6.1　研究结论

在城市轨道交通工程施工过程中，不可避免会对周边建筑产生一定影响，尤其是在地铁车站基坑工程施工过程中。对此，项目以工程实际问题为导向，采用仿真分析与室内试验相结合的研究方法，对基坑支护结构及建筑安全防护技术进行了系列研究。

（1）基坑开挖过程中，土性参数、地下水位、开挖深度、建筑物与基坑的距离、地下连续墙长度和刚度等因素改变均会对周边土体及建筑基础变形产生影响，其中建筑距基坑的距离影响最为显著，其他因素的影响依次为开挖深度、地下连续墙长度、地下连续墙刚度、地下水位、土性参数；建筑物基础的差异沉降量越大，对应的建筑物基础倾斜率、建筑物倾斜、结构应力和裂缝宽度也越大；建筑构件的中跨梁和中柱的应力受基坑开挖影响最大，底层柱裂缝受基坑开挖影响最大。

（2）提出了一种可形成三维密闭防渗体系、有效隔断地下水渗透路径、减小基坑周边土体变形的防渗水基坑支护结构；通过室内试验发现，基坑外不排水开挖相对于基坑外排水开挖土体水平位移减小了约 20.3%、支护结构的位移增大约 20%、支护结构的应力增加约 25%；结构性能仿真分析结果表明，支护结构高度和支护结构刚度对支护结构性能影响较大，水头差对土体变形影响较大。

（3）提出了一种可充分利用既有桩及桩周土体的承载性能，并可实现结构整体协同受力的混凝土桩劲芯增长结构；通过室内试验发现，竖向荷载和横向荷载作用下劲芯增长桩的极限承载力较既有桩均有明显的提升，但劲芯增长值超过一定界限（既有桩长的 1/2）时，其横向承载能力提升有限；结构性能仿真结果表明劲芯增长桩可以更好地发挥桩土间的摩擦力，若在同样断面面积的情况下，其承载性能要优于常规混凝土桩；在研究工况下，混凝土桩劲芯增长结构增长段长度为既有桩长的 1/3～1/2 效果最佳。

（4）提出了一种可从横向和竖向两个角度对建筑基础的变形进行动态控制的基础变形控制结构；室内试验发现，基础位移及变形控制结构施加的平衡荷载（保证建筑基础空间位置不发生改变情况下施加的荷载）都随开挖深度的增加而逐渐增大，当开挖深度超过某一深度时，基础位移和施加的平衡荷载会急剧增大；有限元仿真分析表明，土性参数的改变对变形结构性能影响较为显著，土体强度越高、地下水位差越小、基础埋置深度越大，开挖对结构性能的影响越小，而且，支护结构刚度在一定范围内增大，可以有效减少基坑开挖对变形控制结构的影响。

6.2 技术创新点

（1）系统分析了基坑开挖过程中，土性参数、地下水位、开挖深度、建筑物与基坑的距离、地下连续墙长度和刚度等因素对周边土体及建筑基础变形的影响情况，建立了基础变形与建筑安全状态改变间的对应关系。

（2）创造性提出了一种防渗水基坑支护结构，揭示了基坑外不排水情况下，基坑支护结构及周边土体的受力特征，以及因素改变对研究结构性能的影响。

（3）创造性提出了一种既有混凝土桩劲芯增长结构，阐明了竖向荷载和横向荷载作用下，劲芯增长桩的承载特性和合理设计参数。

（4）创造性提出了邻近浅基础变形控制结构，基于基坑开挖诱发基础变形组成情况，建立了平衡荷载施加与基坑开挖深度的关系，揭示了外界环境因素对基础结构受力性能的影响情况。

6.3 后续研究方向

项目针对地铁车站基坑开挖与周边建筑安全防护问题进行了系列研究，虽取得了一系列的研究成果，但鉴于相关理论研究成果、现行技术规范以及问题本身复杂性的约束，项目组认为还可在如下几方面进行深入。

（1）新型混凝土材料及其性能的深化研究：混凝土是基坑围护工程中极为重要的材料，用量很大，后续研究中还可在不同原材料的混凝土强度配合比设计、混凝土材料耐候性能、混凝土材料浇筑工艺等方面进行深化研究。

（2）装配化、模块化制备及施工工艺研究：基坑支护结构体系的形成与其制备质量和安装效果密切相关，如何提升结构的工程效益在很大程度上取决于其制备和施工环节。因此，后续研究中可对护坡构件模块化、标准化制备技术和施工工艺进行研究，着重在模块构件标准化制造、现场安装程序化施工以及施工质量可靠性提升等方面进行提升。

（3）规范标准颁布与实施：项目研究成果虽已在一些工程中取得了成功应用，并申报通过了一些施工工法，但受制于当前施工水平和工程界对工程问题的理解，对标准化图集、施工技术的研究颁布尚严重滞后于工程实际，进而在一定程度上限制了新技术的推广应用。

参 考 文 献

[1] 张辉. 苏州地区地铁车站基坑变形特性与控制措施研究 [D]. 上海：上海交通大学，2009.

[2] 李沙沙. 地铁施工期周围环境风险管理研究 [D]. 西安：西安建筑科技大学，2011.

[3] 杜明玉，阮庆松，彭进强，梅子广. 地铁车站深基坑施工对周围环境影响评价分析 [J]. 铁道建筑，2013，(04)：80-82.

[4] 魏道江. 邻近既有建筑的地铁深基坑支护方案优化与变形风险控制 [D]. 西安：西安建筑科技大学，2016.

[5] 夏中杰. 岩溶地区修建明挖地铁车站的勘察与风险评估研究 [D]. 广州：华南理工大学，2016.

[6] Changyi Yu. Analysis on Influence of Foundation Pit Excavation Supported by Large Diameter Ring Beam on Surrounding Environment [J]. IOP Conference Series：Earth and Environmental Science，2019，242 (5).

[7] 钱七虎，戎晓力. 中国地下工程安全风险管理的现状、问题及相关建议 [J]. 岩石力学与工程学报，2008，27 (04)：649-655.

[8] 姚宣德. 浅埋暗挖法城市隧道及地下工程施工风险分析与评估 [D]. 北京：北京交通大学，2009.

[9] 杨秀礼. 复杂地质盾构隧道安全管理与风险防范对策 [A] //2012年中铁隧道集团低碳环保优质工程修建技术专题交流会论文集 [C]. 中国铁道学会，2012：4.

[10] 曹前. 并行同深基坑开挖对既有紧邻地铁车站的影响研究 [D]. 长沙：湖南大学，2017.

[11] 李睿峰. 复合地层明挖基坑近接既有建 (构) 筑物安全控制技术研究 [D]. 成都：西南交通大学，2017.

[12] 谢群. 高架桥桩基施工与邻近在建地铁车站相互影响研究 [D]. 南昌：华东交通大学，2018.

[13] 吴朝阳. 地铁车站基坑施工对邻近建筑物影响的研究 [D]. 长沙：湖南大学，2015.

[14] 周泽文，朱晶涛. 浅析地铁车站基坑施工对周边环境保护的影响分析 [J]. 工程技术 (全文版)，2016，(18)：232-233.

[15] 梁云岚. 绿茵路站基坑开挖对周边环境影响研究 [D]. 南昌：南昌大学，2016.

[16] 陈瑞阳. 地铁车站深基坑施工中对邻近建筑物的保护 [J]. 铁道建筑，2002，(10)：11-13.

[17] 卓越，王梦恕，孙国庆 等. 浅埋隧道下穿越浅基础建筑物注浆保护技术 [J]. 北京交通大学学报，2009，33 (1)：71-76.

[18] 和澄亮. 地铁既有深基坑拓宽工法及对临近历史风貌建筑物的保护 [D]. 天津：天津大学，2014.

[19] 李忠. 紧邻地铁车站既有建筑物保护技术 [J]. 山西建筑，2007，33，(19)：108-109.

[20] 俞建霖，龚晓南，徐日庆. 基坑周围地表沉陷量的空间性状分析 [J]. 工程力学，1998，(A03)：565-571.

[21] 刘登攀. 建筑物超载对深基坑周边地表沉降影响分析 [J]. 探矿工程 (岩土钻掘工程)，2012，39 (6)：58-63.

[22] Sugimoto T. Prediction for the maximum settlements of ground surface by open cuts [C]. Proceedings of Japan Society of Civil Engineers (JSCE). 1986，373 (VI/5)：113-120.

[23] Boone S J，Westlan D J，Nusink R. Comparative Evaluation of Building Responses to an adjacent braced excavation [J]. Adjacent Braced Excavation，Canadian Geotech，1999，16 (4)：210-223.

[24] 赵延林，高全臣，衡朝阳. 基坑开挖对邻近建筑物沉降影响的数值模拟 [J]. 黑龙江科学院学报，2005，12 (5)：106-110.

[25] 蔡智云. 深基坑地下连续墙减小邻近建筑沉降的作用研究 [D]. 西安：西安科技大学，2005.

[26] 谢小松. 大型深基坑逆作法施工关键技术研究及结构分析 [D]. 上海：同济大学，2007.

[27] 王炜正，吉明. 某 LNG 工程软土地基深基坑支护结构受力 [J]. 水运工程，2018，（08）：154-159.

[28] 李卓. 两种深基坑支护方案的设计与施工研究 [D]. 南昌：南昌大学，2018.

[29] 王维成. 带腿型钢水泥土搅拌墙技术在基坑支护中的应用 [J/OL]. 西部资源，2019，（06）：91-92 [2019-09-27].

[30] 孔维美. 深基坑带撑双排地下连续墙支护结构性状及其对邻近船闸的影响研究 [D]. 广州：华南理工大学，2018.

[31] 史子庸. 深基坑内支撑支护结构变形规律与优化设计研究 [D]. 北京：中国地质大学，2018.

[32] 徐中华. 上海地区支护结构与主体地下结构相结合的深基坑变形性状研究 [D]. 上海：上海交通大学，2007.

[33] 孙超，郭浩天. 深基坑支护新技术现状及展望 [J]. 建筑科学与工程学报，2018，35（03）：104-117.

[34] 刘关虎. 加筋水泥土桩锚支护基坑变形规律研究 [D]. 北京：北京交通大学，2016.

[35] 李俊锋. 深基坑支护结构分析与应用研究 [D]. 成都：西南交通大学，2015.

[36] 郭风. 柔模混凝土基坑支护技术研究 [D]. 西安：西安科技大学，2016.

[37] 胡军华. 软土地区邻近地铁隧道的基坑支护优化设计研究 [D]. 杭州：浙江大学，2017.